beck**I**sche
reihe

3sat

Warum ist das Meer blau? Wie findet ein Anruf das Handy? Was ist die Blut-Hirn-Schranke? Müssen Fische trinken? Und warum darf eigentlich kein Metall in die Mikrowelle? Das Leben stellt uns jeden Tag viele Fragen. «nano», das Wissenschafts- und Forschungsmagazin des Fernsehsenders 3sat, geht diesen Dingen fünfmal wöchentlich auf den Grund. In der Rubrik «aha» werden seit rund zwei Jahren einmal pro Woche dienstags Zuschauerfragen beantwortet; dadurch ist inzwischen beträchtliches Wissen zusammengetragen worden. Zuschauer gaben auch die Anregung, die besten Fragen und Antworten in einem Buch zu sammeln – hier ist es. Einhundert Fragen und Antworten zu Alltagsphänomenen, die man meistens so hinnimmt, ohne sich klar zu machen, was an Wissenschaft dahintersteckt.

Martin Borré und *Thomas Reintjes* arbeiten als freie Wissenschafts- und Technikjournalisten für Tageszeitungen, Radiosender und Fachverlage.

Martin Borré/Thomas Reintjes

Warum Frauen schneller frieren

Alltagsphänomene wissenschaftlich erklärt

Verlag C. H. Beck

Mit 29 Grafiken im Text

1. Auflage. 2005
2. Auflage. 2005
3. Auflage. 2005
4. Auflage. 2005
5. Auflage. 2006
6., durchgesehene Auflage. 2006
7. Auflage. 2006
8. Auflage. 2006

Limitierte Sonderausgabe. 2009
© Verlag C. H. Beck oHG, München 2005
Lizenzvergabe durch: ZDF Enterprises GmbH
© ZDFE 2004 – Alle Rechte vorbehalten
Satz: Fotosatz Reinhard Amann, Aichstetten
Druck und Bindung: Druckerei C. H. Beck, Nördlingen
Umschlagentwurf: malsyteufel, willich
Umschlagabbildung: Gülsah Edis
Printed in Germany
ISBN 978 3 406 58714 6

www.beck.de

Inhalt

Einleitung

«nano» – das ist täglich Wissenschaft und Forschung aus der Welt der Natur- und Geisteswissenschaften, der Technik und der Medizin. Das Wissenschafts- und Zukunftsmagazin des Fernsehprogramms 3sat berichtet werktäglich um 18.30 Uhr verständlich, faktenreich und unterhaltsam – «nano» vermittelt Wissen und gibt damit Orientierung in einer sich immer schneller verändernden Welt.

Wie funktionieren Xenon-Scheinwerfer? Wie findet ein Anruf das Handy? Was ist eine Brennstoffzelle? Worin unterscheidet sich Esperanto von anderen Sprachen? Warum ist das Meer blau? Was ist Licht? Was ist die Blut-Hirn-Schranke? Müssen Fische trinken? Und: Warum haben Frauen meist kältere Hände und Füße als Männer?

Das Leben stellt uns jeden Tag viele Fragen. «nano» geht diesen Dingen auf den Grund und beantwortet seit gut zwei Jahren in der wöchentlichen Rubrik «aha» Fragen von Zuschauern aus allen Bereichen des täglichen Lebens. Auf diese Weise ist inzwischen beträchtliches Wissen zusammengetragen worden, das sich lohnt, gesammelt und veröffentlicht zu werden. Und so kam die Anregung für dieses Buch auch von einem «nano»-Zuschauer, der förmlich nach einer Fragen- und Antwortsammlung der «nano-ahas» verlangte – hier ist sie. Einhundert Fragen und Antworten zu Alltagsphänomenen – Phänomenen, die man meistens so hinnimmt, von denen man aber oft nicht weiß, was an Wissenschaft dahintersteckt. Die Redaktion «nano» zeigt es Ihnen und bringt die Wissenschaft in Ihren Alltag. Und so werden Sie in Kürze verstehen, warum Ihnen immer wieder die Milch überkocht und warum Sie keine Metalltöpfe in die Mikrowelle stellen dürfen.

Alle weiteren Fragen beantwortet *www.3sat.de/nano*.

Luft und Liebe

Wie entsteht Wind?

Frage von Birgit T. aus Oberfell

Im Prinzip hat fast jeder eine kleine Windmaschine in der eigenen Wohnung: Im Winter steigt am Heizkörper erwärmte Luft auf. Sie kühlt an den Wänden und an der Zimmerdecke ab und fällt wieder zu Boden. Am Boden entsteht ein Sog in Richtung Heizkörper, denn dort «fehlt» die aufgestiegene Luft, es herrscht ein Unterdruck – Meteorologen sprechen von Tiefdruck. Die kalte Luft strömt in Richtung Heizkörper, um das «Luftloch» zu füllen, und wir spüren eine unangenehme Zugluft an den Füßen. Dieser Effekt kann durch unterschiedlich warme Räume und damit unterschiedliche Druckverhältnisse verstärkt werden. Nicht immer hat Zugluft also etwas mit undichten Fenstern oder Türen zu tun.

Die Windmaschine in der Natur kommt ganz ähnlich in Gang: Die Rolle der Heizung übernimmt die Sonne. Zum Beispiel an der Küste: Die Sonne brennt und heizt das Land stärker auf als das Wasser. Denn Wasser lässt sich nur schwer erwärmen. Über dem Land steigt warme Luft nach oben, vom Meer strömt kältere Luft nach und wird ebenfalls erwärmt. Die warme Luft kühlt sich oben wieder ab, strömt in Richtung Meer und fällt herab. Am Boden entsteht durch diese ständige Zirkulation eine angenehm kühle Seebrise. Abends, wenn die Energiezufuhr für diesen Kreislauf – die Wärme der Sonne – ausbleibt, entsteht umgekehrt der so genannte ablandige Wind: Das Land kühlt sich schneller ab als das Meer. Über dem noch warmen Wasser steigt Luft auf und zieht Luft vom Land nach sich. Das Land-See-Windsystem wirkt sich dabei allerdings nur auf einen wenige Kilometer breiten Streifen entlang der Küste aus.

Ähnliche Winde, die nur regional auftreten, sind Berg-Tal-Winde sowie der Flurwind, der frische Luft vom Land in die etwas wärmeren Städte bringt, oder auch Fallwinde wie der Föhn in den Alpen oder der Mistral, der durchs Rhone-Tal streift. Allen diesen

Windsystemen gemeinsam ist, dass die Luft immer vom Hoch- zum Tiefdruckgebiet strömt, um einen Ausgleich der Druckunterschiede zu erreichen.

Die Hoch- und Tiefdruckgebiete, die wir im Fernsehen oder in der Zeitung auf der Wetterkarte sehen, sind viel größer als die kleinen, regionalen Druckgebiete. Bestimmend für unser Wettergeschehen und für die Winde in Mitteleuropa sind das Azorenhoch sowie das Islandtief und mit ihnen der subtropische Hochdruck- und der subpolare Tiefdruckgürtel, in dem sie liegen. Vom Azorenhoch strömt Luft in Richtung Norden zum Islandtief. Doch die Luft vor der Küste Afrikas kann nicht auf geradem Weg nach Norden strömen. Die so genannte Coriolis-Kraft kommt ihr in die Quere. Diese Kraft rührt daher, dass sich die Erdoberfläche in Äquatornähe schneller dreht als in Polnähe: Ein Ort am Äquator legt 1667 Kilometer pro Stunde zurück, ein Ort auf dem 80. Breitengrad hingegen nur 288 Kilometer pro Stunde. Luft, die nach Norden strömt, hat deshalb eine größere Geschwindigkeit in Drehrichtung der Erde als die Erde unter ihr. Sie scheint nach Osten abgelenkt zu werden. Ebenso wird Luft, die von Nord nach Süd strömt, nach Westen abgelenkt. Das gilt allerdings nur für die Nordhalbkugel. Auf der Südhalbkugel wirkt die Coriolis-Kraft entgegengesetzt: Sie lenkt die Luftmassen nicht nach rechts, sondern nach links ab.

Die Luftströmung vom Azorenhoch zum Islandtief wird also nach Osten abgelenkt. Und das bedeutet für Deutschland häufig Westwind. Leider befinden wir uns eher in der Nähe des Tiefdruck- als des Hochdruckgebietes – und das heißt dann auch allzu oft Wolken oder Regen.

Ganz so statisch darf man das Wind- und Wettergeschehen allerdings nicht betrachten: Tiefs und Hochs sind ständig in Bewegung. Und so schaffen es beispielsweise Hochdruckgebiete über Osteuropa oder Skandinavien schon einmal, die Hauptzugrichtung der Tiefs zu durchbrechen und uns einige sonnige Tage zu bescheren.

Warum erscheint die Sonne bei Auf- und Untergang rot?

Frage von Stefanie J. aus Karlsruhe

Die Sonne sendet wellenförmiges, weißes Licht auf die Erde, das sich aus den Regenbogenfarben Rot, Orange, Gelb, Grün, Blau und Violett zusammensetzt. Jede Farbe hat eine andere, genau bestimmte Wellenlänge. Als Wellenlänge wird der nur wenige Nanometer kleine Abstand zwischen zwei Wellenbergen bezeichnet. Rote Lichtwellen sind dabei fast doppelt so lang wie blaue.

Der Weg des Lichts durch die Atmosphäre bis zu unseren Augen ist weit – und voller Hindernisse. Luft ist ein Gasgemisch, bestehend aus Stickstoff, Sauerstoff, Kohlendioxid und einigen Edelgasen. Hinzu kommen etwa zwei Prozent Aerosole – so werden feinste Schwebstoffteilchen, wie beispielsweise Staubpartikel, genannt, die durch Vulkanausbrüche, Waldbrände oder Industrieabgase in die Atmosphäre gelangen.

Einem Lichtstrahl geht es auf der Reise durch die Luft wie einer Kugel im Flipperautomaten: Ständig stößt er gegen Gas- und Aerosolmoleküle und ändert dabei seine Richtung, wird also gestreut. Es werden aber nicht alle Farben zu gleichen Teilen abgelenkt. Lange Lichtwellen bewegen sich nahezu unbehelligt durch den Raum, die heftig schwingenden Kurzwellen hingegen prallen häufiger gegen ein Hindernis. Blaue und violette Lichtanteile werden auf diese Weise am stärksten abgelenkt, zehnmal beziehungsweise sechsmal mehr als rote und orangefarbene. Tagsüber erscheint der Himmel blau. Die nicht gestreuten gelb-roten Lichtanteile sehen Sie, wenn Sie direkt in die Sonne blicken – was Sie wegen drohender Augenverletzungen allerdings vermeiden sollten.

In den Morgen- und Abendstunden steht die Sonne nahe am Horizont, das Licht muss einen längeren Weg zurücklegen als zur Mittagszeit, wenn die Sonne genau über uns steht. Ein langer Weg durch die Atmosphäre bedeutet für die Lichtstrahlen viel mehr Zusammenstöße mit Luftmolekülen. Das blaue Licht wird dabei so stark zerstreut, dass sehr wenig blaues Licht unser Auge erreicht. Was übrig bleibt, sind die langwelligen gelben, roten und

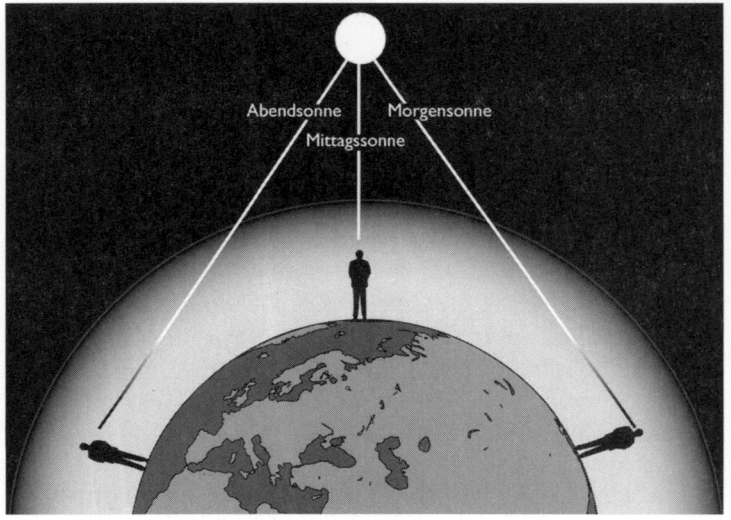

In der Dämmerung sehen wir rot, weil der blaue Anteil des Sonnenlichts
auf seinem Weg durch die Atmosphäre weggestreut wird.

orangefarbenen Lichtanteile, die dann das Morgen- und Abendrot
an den Himmel zaubern.

Besonders schöne Sonnenauf- und -untergänge gibt es übrigens
dort, wo viel Feuchtigkeit und Staubpartikel in der Luft sind, etwa
im morgendlichen Nebel oder in der Wüste.

Angeblich soll ein besonders intensives Abendrot gutes Wetter
für den nächsten Tag ankündigen – wissenschaftlich lässt sich
das allerdings nicht bestätigen. Dennoch gibt es eine mögliche
Erklärung hierfür: Für den Bilderbuch-Sonnenuntergang ist ein
fast wolkenloser Himmel Voraussetzung, und wenn der am Abend
schon da war, dann ist die Wahrscheinlichkeit groß, dass der Himmel auch am folgenden Tag in klarem Blau erstrahlt.

Warum verdunsten Flüssigkeiten unterhalb der Siedetemperatur?

Frage von Jörg K. aus Klein-Germersleben

Eine Flüssigkeit wie Wasser hat zwei Möglichkeiten, um vom flüssigen in den gasförmigen Aggregatzustand zu wechseln: Verdunsten oder Sieden. Um das Wasser in Wasserdampf umzuwandeln, muss Energie in Form von Wärme zugeführt werden, etwa durch eine heiße Herdplatte. Durch die Wärmeenergie beginnen sich die Wasserteilchen heftig gegeneinander zu bewegen, wodurch einzelne H_2O-Moleküle aus der Flüssigkeit in die Luft übergehen. Je mehr Wärme zugeführt wird, desto schneller verdampft das Wasser. Beträgt die Temperatur des gesamten Wassers 100 Grad Celsius, ist der Siedepunkt erreicht. Das Wasser verdampft nun so schnell, dass sich an den heißen Stellen der Topfwand Gasblasen bilden, die an die Oberfläche wallen – das Wasser kocht. Die Temperatur bleibt von nun an konstant, und alle zugeführte Energie wird zur Umwandlung des flüssigen Wassers in Dampf verbraucht. Der Siedepunkt ist dabei stark abhängig vom Luftdruck. Hier gilt: Je geringer der Druck auf die Wasseroberfläche, desto niedriger ist der Siedepunkt. So beginnt Wasser auf dem 8848 Meter hohen Mount Everest bereits bei 70 Grad zu kochen. Den gegenteiligen Effekt nutzt man bei Schnellkochtöpfen. Lediglich mit einem kleinen Überdruckventil versehen, baut sich im Topf rasch ein höherer Druck auf, als er in der Umgebungsluft herrscht. Die Siedetemperatur steigt so auf bis zu 120 Grad. Durch die hohe Temperatur im Topf wird die Garzeit um ein Drittel verkürzt, und das spart bis zu 40 Prozent Energie.

Verdampfen Flüssigkeiten unterhalb der Siedetemperatur, spricht man von Verdunstung. Auch hier entsteht Wasserdampf durch die Wärmebewegung der Moleküle, nur unter etwas anderen Bedingungen. Während beim Sieden die gesamte Flüssigkeit die gleiche Temperatur besitzt, findet eine Verdunstung nur an deren Oberfläche statt. Die dazu nötige Wärmemenge ist die Gleiche wie beim Sieden; die Umwandlung verläuft nur viel langsamer und bei wesentlich geringerer Temperatur. Das ist nach jedem Regenguss zu beobachten, wenn sich auf der Straße Wasserpfützen bilden. Sie verdunsten selbst bei winterlichen Graden nahe dem Gefrierpunkt. Je größer die Oberfläche der Pfütze ist und je näher deren Temperatur am Siedepunkt liegt, umso schneller verschwindet die Pfütze wieder.

Damit Wasser siedet, muss viel Wärmeenergie von außen zugeführt werden. Beim Verdunsten hingegen entzieht die Flüssigkeit sich selbst und ihrer Umgebung die nötige Wärmeenergie. Es entsteht Verdunstungskälte. Was das ist, haben Sie bestimmt schon einmal am eigenen Leib erfahren, wenn Sie aus der Dusche gestiegen sind und sich nicht sofort abgetrocknet haben. Die verdunstenden Wassertropfen auf Ihrer Haut entziehen dem Körper Wärme, und Sie beginnen zu frieren. Das Verdunsten von Flüssigkeiten ist dabei weitgehend unabhängig vom umgebenden Luftdruck.

Verhindert werden kann eine Verdunstung nur unter besonderen Bedingungen. Zum Beispiel kann die Wärmebewegung der Moleküle gestoppt werden, wenn die Flüssigkeit bis kurz vor den absoluten Nullpunkt von null Kelvin (−273,16 Grad) abgekühlt wird. Anders im römischen Dampfbad, dort kann kein Wasser verdunsten, weil die 45 Grad heiße Raumluft bereits zu 100 Prozent mit Wasserdampf gesättigt ist.

Wie finden Spermien zum Ei?

Frage von Björn I. aus Berlin

Nicht nur die Spermien finden die Eizelle, auch die Eizelle selbst trägt einiges dazu bei, dass sie von den Spermien gefunden wird: Sie lockt das Spermium, indem sie eine chemische Substanz freisetzt. Dennoch leisten die nur 0,05 Millimeter kleinen Spermien Erstaunliches: Sie reagieren auf Wärme und Geruch.

Doch zunächst sorgt der weibliche Körper dafür, dass die Spermien nicht als Fremdkörper erkannt und vernichtet werden: Ein Schleimpfropfen schützt die Eindringlinge. Bisher nur bei Nagetieren nachgewiesen wurde außerdem eine tödliche Waffe der Spermien: ein Eiweiß auf ihrer Oberfläche. Damit attackieren sie uneinsichtige Abwehrzellen im weiblichen Genitaltrakt.

Durch Zusammenziehen des Uterus gelangen die Spermien nach dem Eindringen innerhalb von 15 Minuten bis zum Eileiter. Wissenschaftler vermuten dahinter den Grund für den weiblichen Orgasmus. Denn aus eigener Kraft schaffen die angeblich so wackeren Schwimmer gerade einmal ein paar Millimeter pro Minute.

Im Eileiter heften sich die Spermien an die Wand und reifen dort zum befruchtungsfähigen Zustand heran. Dann müssen sie den letzten Teil der Wegstrecke selbständig zurücklegen. Bei der Orientierung hilft ihnen zunächst vermutlich ein Temperatursensor. Bei Hasen stellten Wissenschaftler fest, dass der Startpunkt im Eileiter etwa zwei Grad kälter ist als das Ziel, die Eizelle. Im Labor wiesen sie nach, dass schon ein halbes Grad Temperaturunterschied das Hasensperma aktivierte.

Die wichtigste Rolle auf dem Weg zur Eizelle scheint aber der Geruch zu spielen. Dass die Eizelle mit chemischen Substanzen den richtigen Weg weist, wissen Biologen schon länger. Doch jetzt ist auch eine der Substanzen bekannt: Maiglöckchenduft. Der Stoff Bourgeonal, der in Waschmitteln für Blütenduft sorgt, hat offenbar eine magische Wirkung auf Spermien. Schon ein Molekül dieses Stoffes kann in ihnen eine Kettenreaktion auslösen. Bourgeonal kann im Schwanzbereich eines Spermiums an Riechrezeptoren andocken. Dadurch wird eine Verstärkungskaskade in Gang gesetzt, die einen Botenstoff produziert, der im Spermium Ionenkanäle öffnet. Wie in elektrischen Leitungen fließt durch diese Kanäle Strom in Form von Natrium- und Kalzium-Ionen ins Innere des Spermiums. Diese wiederum bewirken schließlich die vorwärts treibende Geißelbewegung.

Neben Bourgeonal könnten weitere Duftmoleküle eine Rolle spielen, die jeweils in unterschiedlicher Entfernung von der Eizelle wirken. Eine dieser Substanzen sorgt offenbar ganz in der Nähe der Eizelle dafür, dass die Spermien ihren Geißelmotor noch einmal richtig aufdrehen lassen, um sich in die Eizelle zu bohren.

Bis hierher, in die Nähe der Eizelle, schafft es aber nur eine kleine Division der ursprünglichen Spermienarmee – von bis zu 300 Millionen gestarteten Spermien schätzungsweise 200 bis 300.

Durch die Entdeckung der Maiglöckchenduft-Empfindlichkeit werden ganz neue Verhütungsmethoden denkbar. Ein Maiglöckchenduft-Spray beispielsweise könnte die Spermien orientierungslos machen. Außerdem haben die Forscher eine Art Blocker für Bourgeonal entdeckt. Er heftet sich zwar an die Rezeptoren an, aktiviert sie aber nicht. So könnten Verhütungsmittel den Spermien quasi die Nase zuhalten und sie damit lähmen. Umgekehrt könnte der richtige Duft an der richtigen Stelle die Erfolgsquote künstlicher Befruchtungen erhöhen.

Haben Tiere auch einen Orgasmus?

Frage von Heiko L. aus Berlin

Sex macht Spaß – zumindest dem Menschen. Ob Schnecken, Pinguine und Krokodile Geschlechtsverkehr als eine angenehme Sache empfinden, die über die reine Erfüllung des arterhaltenden Pflichtaktes hinausgeht, ist unklar. Als gesichert gilt, dass zumindest Affen einen Orgasmus erleben. Der Höhepunkt der geschlechtlichen Erregung ist hier aber nicht unbedingt, wie beim Samenerguss des Mannes, mit einer körperlichen Reaktion gekoppelt.

Weißbüschelaffen jedenfalls ähneln in ihrem Sexualverhalten sehr dem Menschen. Wissenschaftler beobachteten die Gehirnaktivität der Primaten vor und während des Sexes. Das verblüffende Ergebnis: Aktiv waren neben dem Hirnareal für sexuelle Erregung auch jene Regionen, die für das Verarbeiten von Emotionen, die Erinnerung, die Entscheidungsfindung und zusammenhängendes Denken verantwortlich sind – genau wie beim Menschen. Affen scheinen also nicht nur körperlich bei der Sache zu sein, sie denken sich auch was dabei.

Aus entwicklungsgeschichtlicher Sicht macht der tierische Orgasmus durchaus Sinn – zumindest bei Männchen. Innerhalb einer Art ist es vorrangiges Ziel jedes Individuums, seine Gene so breit wie möglich zu streuen. Um ein Maximum an Nachkommen zu zeugen, muss es sich mit so vielen Weibchen wie möglich paaren. Das erste Tier mit der Veranlagung für Lust am Sex hatte hier einen Vorteil: Das bei der Paarung empfundene Vergnügen wollte es – genau wie der Mensch – immer und immer wieder verspüren. Es wird sich demnach öfter gepaart haben als die «Sexmuffel», die nur das Nötigste zur Fortpflanzung unternahmen.

Weibchen brauchen unter diesem Gesichtspunkt eigentlich keinen Orgasmus. Denn für die Erhaltung der Art würde es reichen, wenn die Männchen Freude an der Liebe haben. Theoretisch können diese ständig Sex haben, während Weibchen in der Zeit der Schwangerschaft und der Aufzucht in der Regel nicht paarungsbereit sind. Warum haben dann aber viele Primatenweibchen und Menschenfrauen einen Orgasmus? Sexualforscher glauben, dass Urfrauen den Orgasmus einsetzten, um Männer auf ihre Eignung als Vater zu prüfen. Denn durch reine Mechanik kommt so gut wie keine Frau zum Orgasmus. Nur jene Männchen, die sich einfühlsam zeigten, hatten diesen Erfolg bei Frauen. Sie kümmerten sich später eher um den Nachwuchs, was wichtig für die Arterhaltung ist.

Aus anatomischen Gründen ist der weibliche Orgasmus wichtig, weil sich dabei die Gebärmutter zusammenzieht und sich der Muttermund senkt. Das steigert die Wahrscheinlichkeit einer Befruchtung. Leidenschaftlicher Sex erhöht also die Nachwuchsraten, während unentspannter oder gar erzwungener Geschlechtsverkehr seltener zu einer Schwangerschaft führt. Weibchen haben so in gewissem Umfang die Kontrolle, wann und vor allem mit wem sie Nachwuchs bekommen möchten.

Schimpansenweibchen schlafen übrigens vor ihrer ersten Schwangerschaft mit bis zu 135 Männchen. Ihre Lust auf Sex soll die Kinder einer Familie schützen, denn Schimpansen neigen dazu, den Nachwuchs ihrer Konkurrenten zu töten. Wenn aber jedes Männchen der Vater sein könnte, halten sich alle zurück.

Werden genauso viele Jungen wie Mädchen geboren?

Frage von Jürg S. aus Böllingen

Junge oder Mädchen? Diese Frage können Ärzte mit einer Ultraschalluntersuchung den werdenden Eltern schnell beantworten. Die Antwort lautet in etwa 51 Prozent der Fälle «Junge». In fast allen Ländern der Welt, ganz gleich, ob Entwicklungs- oder Industrienation, kommen stets mehr Jungen als Mädchen zur Welt. Doch was über Jahrhunderte galt, beginnt sich seit einigen Jahren zu verschieben – die Mädchen holen auf.

Insgesamt herrscht auf den Entbindungsstationen heute noch ein deutlicher Knabenüberschuss. So kamen 2003 in Deutschland auf 1000 lebend geborene Mädchen 1054 Jungen. Auf den gesamten Jahrgang gerechnet, bedeutet das einen «Überschuss» von 20 000 Knaben. In der Natur ist dieses Ungleichgewicht eigentlich nicht vorgesehen. Bei Menschen, fast allen Säugetieren und vielen Insektenarten erfolgt die Geschlechtsbestimmung schon während der Befruchtung mittels zweier Geschlechtschromosomen. Chromosomen sind die Träger des Erbmaterials. Es gibt das X- und das genreduzierte Y-Chromosom, welches nur bei Männchen vorkommt. Bei der Kombination XX entstehen Weibchen, bei der Zusammenstellung XY wachsen Männchen heran. Menschliche Samenzellen enthalten im gleichen Verhältnis entweder ein X- oder ein Y-Chromosom, weibliche Eizellen können naturgemäß nur ein X-Chromosom enthalten. Theoretisch müssten daher genauso viele Jungen wie Mädchen geboren werden.

Aus entwicklungsgeschichtlicher Sicht macht aber eine höhere Zahl männlicher Nachkommen Sinn. Denn die Sterblichkeit von männlichen Embryonen und Säuglingen ist wesentlich höher: Sie sind größer, brauchen mehr Nahrung und belasten die Mutter schon während der Schwangerschaft mehr als ihre weiblichen Geschwister. Heute können diese natürlichen Verluste durch eine gute Grundversorgung von Mutter und Kind gemindert werden, die statistische Schieflage ist jedoch geblieben.

Im Frühjahr und Sommer, wenn die Lebensbedingungen am besten sind, werden nach wie vor die meisten Jungen geboren. Auch die Psyche scheint bei der Geschlechterfestlegung eine Rolle zu spielen. In Industrieländern bringen Frauen, die sich selbst als gesund und ihre Lebensqualität als hoch einschätzen, häufiger Jungen zur Welt. Hingegen gab es 1991 nach dem Mauerfall in Ostdeutschland weniger männliche Nachkommen, was Wissenschaftler mit damals vorherrschenden Zukunftsängsten und sozialem Stress in Verbindung bringen. In «schlechten» Jahren holen die Mädchen in der Statistik also auf.

Die menschliche Geschlechtsentwicklung ist darüber hinaus hormonellen und genetischen Faktoren unterworfen – ein Grund dafür, dass heute immer mehr Mädchen geboren werden. So reagiert das Y-Chromosom besonders sensibel auf äußere Einflüsse. Giftstoffe wie das Nikotin im Zigarettenrauch verursachen chemischen Stress, schädigen die Spermien noch vor der Befruchtung oder stören die Entwicklung der von Y-Chromosomen befruchteten Eizellen.

Wie entsteht ein Pups?

Frage von Janic J. aus St. Aldegund

Anfang der neunziger Jahre widmete die Pop-Band «Erste Allgemeine Verunsicherung» dem Pups sogar ein eigenes Lied: «Einer geht um die Welt». Obwohl damals ein Beinahe-Hit, konnte es den Pups nicht vom Makel des Anrüchigen befreien. Dabei ist die peinliche Angelegenheit völlig natürlich und sogar ein Zeichen körperlicher Gesundheit.

Im Wesentlichen gibt es zwei Ursachen für die unangenehmen Darmwinde. Beim Essen verschlucken wir mit jedem Bissen nicht nur Nahrung, sondern auch eine geringe Menge Luft. Je schneller und hastiger wir unser Mahl hinunterstürzen, desto mehr Luft nehmen wir zu uns. Einmal im Verdauungssystem angelangt, gibt es für die geschluckte Luft nur noch einen Ausweg – und das ist der Hinterausgang. Sollten Sie also ein Schnellesser sein und gleichzeitig unter Blähungen leiden, können Sie das Problem durch etwas mehr Ruhe und Langsamkeit bei Tisch einschränken.

Auch die zweite Ursache der Blähungen können Sie zumindest zum Teil durch Ihr Essverhalten beeinflussen. Nachdem die verwertbaren Nahrungsstoffe im Magen und Dünndarm von verschiedenen enzymhaltigen Verdauungssäften weitgehend abgebaut wurden, gelangt der restliche Nahrungsbrei in den Dickdarm. Im Dickdarm stürzen sich nun etwa 400 verschiedene Bakterienarten auf die Essensreste. Die Darmbakterien sind wahre Recycling-Spezialisten, sie entziehen der Nahrung das Wasser und verwerten noch die letzten Kohlenhydrate und Proteine. Als Erste sind Wasserstoffbakterien zur Stelle, sie bilden am Tag bis zu zwölf Liter des geruchlosen Gases. Vom Wasserstoff ernähren sich wiederum viele andere Bakterien: Einige wandeln mit seiner Hilfe Schwefelsäure in den nach faulen Eiern riechenden Schwefelwasserstoff um; Methanbakterien bilden aus Wasserstoff und Kohlendioxid das hochexplosive Methangas. Zusammen mit weiteren Gasen wie Stickstoff produziert jeder Mensch auf diese Weise rund ein Liter Abgas am Tag.

Die Menge kann allerdings variieren. Sie hängt davon ab, wie und vor allem was man isst. Grob und hastig zerkaute Nahrungsbrocken landen praktisch unverdaut im Dickdarm und müssen von den Bakterien unter hohem Gasausstoß abgebaut werden. Dabei sind es gerade die gemeinhin als gesund geltenden Nahrungsmittel, die Blähungen fördern: Hülsenfrüchte wie Erbsen und Bohnen, alle Kohlsorten, Zwiebeln, Kaffee und ballaststoffreiche Vollkornprodukte. Dass der Körper die schwer verdauliche Kost dennoch verarbeitet, zeugt von einem intakten Stoffwechsel.

Hinzu kommen psychische Faktoren. Stress und Nervosität schlagen bekanntlich auf den Magen. Und was der Magen nicht in Ruhe verdauen kann, landet bei den Darmbakterien. Auch Medikamente und Lebensmittelallergien können den Verdauungsprozess negativ beeinflussen und für zusätzliche Abwinde sorgen.

Etwa fünf Prozent aller Nordeuropäer sowie die meisten Asiaten und Afrikaner leiden außerdem darunter, dass ihnen das Enzym Laktase zum Abbau von Milchzucker fehlt. Milchprodukte können von ihnen nur schwer verdaut werden, was wiederum Blähungen und Durchfall hervorruft.

Wie lange leben Eintagsfliegen wirklich?

Frage von Inge S. aus Mönchengladbach

Es gibt Tiere, die werden ihrem Namen nicht gerecht: Der Tausendfüßer hat keine tausend Füße, und der Clownfisch ist auch nicht lustiger als andere Fische. Auch die Eintagsfliege hält nur

zum Teil, was ihr Name verspricht: Als Fluginsekt lebt sie tatsächlich nur wenige Stunden, einige unter den weltweit rund 2500 Arten werden allerdings bis zu eine Woche alt. Eine Eintagsfliegen-
Larve kann sogar bis zu zwei Jahre alt werden.

Im wissenschaftlichen Sinn sind Eintagsfliegen gar keine «ech-
ten» Fliegen. Innerhalb der Insekten bilden sie eine eigene Ordnung, die Ephemeroptera. Der Name leitet sich aus dem griechi-
schen *ephemeros* («einen Tag lebend») und *pteron* («Flügel») ab.
Ihr kurzes Dasein verbringen die Tierchen damit, sich zu paaren.
Die Männchen schwirren dazu im Schwarm dicht über einem fla-
chen, meist fließenden Gewässer. Durch den Tanz angelockte
Weibchen werden rücklings gepackt, womit die bis zu zehnminü-
tige Paarung in der Luft beginnen kann. Die befruchteten Eier werden anschließend ins Wasser abgegeben. Bei den meisten Arten erfolgt dies, indem die Weibchen, knapp über der Wasseroberfläche
fliegend, mit ihrem langen Hinterteil mehrmals ins Wasser tippen.
Andere tauchen ab und legen die Eier direkt auf den Grund, wieder
andere lassen sich am Ufer nieder. Damit haben Männchen wie
Weibchen ihre Aufgabe auch schon erfüllt und sterben. Wenn sie
nicht von Schwalben und Libellen gefressen werden, sinken sie
aufs Wasser und dienen als Fischfutter.

Je nach Art schlüpfen nach zehn Tagen oder erst nach Monaten
die Larven aus den Eiern. Zur Atmung besitzen sie Kiemen am
Hinterleib, zum Fressen große Mundwerkzeuge.

Die Entwicklung der Larven zum Fluginsekt dauert dann – je
nach Art – noch einmal einen Monat bis hin zu zwei Jahre. In dieser Zeit ernähren sie sich von Algen, Pflanzenresten und Kleinst-
lebewesen. Während ihres Wachstums häuten sich die Larven bis
zu dreißigmal. Im letzten Larvenstadium bildet sich unter der
Haut bereits der Fliegenkörper heraus. Zwischen den Hautschichten sammelt sich nun Luft, die dem Insekt beim Aufstieg an die
Wasseroberfläche hilft. Dort oder im Trockenen schlüpft die Fliege
innerhalb von Sekunden aus der Larvenhaut und fliegt davon. Weil
die Eintagsfliegen fast alle gleichzeitig schlüpfen, bilden sie über
dem Wasser bald einen dichten Schwarm. Nun haben die letzten
Stunden der Fliege begonnen – dabei ist sie noch gar nicht ge-
schlechtsreif. Erst nach einer weiteren Häutung erlangt sie ihre
Fruchtbarkeit und endgültige Gestalt. Diese letzte Häutung macht

die Ephemeroptera in der Insektenwelt zu etwas Besonderem: Kein anderes Fluginsekt häutet sich im flugfähigen Zustand noch einmal.

Eintagsfliegen sind leicht an ihrem langen, schmalen Körper mit den meist drei dünnen Schwanzfäden zu erkennen. Und wer genau hinschaut, kann feststellen, dass die Mundwerkzeuge verkümmert sind. Die braucht die Fliege auch nicht, denn zum Fressen reicht ihre knapp bemessene Lebenszeit nicht aus.

Licht und Schatten

Warum kreisen Insekten um Lampen?

Frage von Imke K. aus Minden und Thomas G. aus Wien

Motten verwechseln das Kunstlicht mit dem Mond, vermuten Wissenschaftler. Motten und andere Nachtfalter nutzen den Mond zur Navigation. Um geradeaus zu fliegen, fliegen sie einfach immer im selben Winkel zum Licht des Mondes. Das funktioniert, weil der Mond so weit entfernt ist. Fliegen die Motten aber an einer anderen, näher liegenden Lichtquelle, etwa einer Straßenlaterne, vorbei, versuchen sie auch hier, in einem konstanten Winkel zur Straßenlampe zu fliegen – Ergebnis ist eine Kreisbahn.

Andere Wissenschaftler glauben dagegen, dass die Ursache für den Irrflug im Aufbau der Insektenaugen liegt. Sie bestehen aus Tausenden von Einzelaugen, die auf einer Halbkugel angeordnet sind. Nur die Augen, die direkt auf die Lampe gerichtet sind, nehmen das Licht wahr. Weil die Lichtquelle aber ungewöhnlich nah ist, sehen ständig andere Augen das Licht oder die umgebende Dunkelheit, die nachtaktive Insekten eigentlich ansteuern. Die Bewegung des Lichtpunkts über die Einzelaugen bewirkt so eine permanente Richtungsänderung der Motten.

Aber auch das gilt nicht für alle Motten – während die einen eine Kreisbahn einschlagen und die anderen einen Zickzackkurs, fliegen manche Mottenarten direkt auf Lampen zu.

Irritieren könnte viele Insekten die Intensität des Lichts, denn die Augen von Nachtfaltern sind hochempfindlich. Manche, wie der Mittlere Weinschwärmer, können noch eine Lichtstärke von 0,0001 Candela (cd) wahrnehmen – eine Kerze liefert etwa 1 cd, eine 100-Watt-Glühlampe 140 cd. Da liegt die Annahme nahe, dass die nachtaktiven Insekten vom grellen Kunstlicht extrem geblendet werden. Warum einige dann aber direkt auf die Reizquelle zusteuern, ist damit noch nicht beantwortet. Versuchen wir es deshalb mit einem Vergleich: Wer beim Autofahren vom Gegenverkehr geblendet wird, dem fällt es schwer, den Blick von dem hellen Licht abzuwenden. Und wohin man schaut, da steuert man auch hin. In diesen tödlichen Bann geraten vielleicht auch die Insekten.

Spinnen hingegen sind Profiteure des Kunstlichts: Sie bauen ihre Netze gern an den 8,2 Millionen Straßenlampen in Deutschland, deren Licht in jeder Sommernacht schätzungsweise einige Milliarden Insekten zum Opfer fallen.

Doch nicht jedes Licht hat eine solch anziehende Wirkung auf Insekten. Das gelbe Licht von Natriumdampfhochdrucklampen zieht etwa 75 Prozent weniger Nachtfalter an. Diese Lampen sind zwar etwas teurer in der Anschaffung, sparen aber bis zu 70 Prozent Energie und Kosten – und schonen die Insekten!

Wie funktioniert ein Abblendspiegel?

Frage von Michaela M. aus Augsburg

Damit Sie sich als Autofahrer bei dem Versuch, den nachfolgenden Verkehr im Auge zu behalten, nicht ständig den Hals verrenken müssen, wurde der innere Rückspiegel erfunden. Bei normalem Tageslicht erfüllt er seine Aufgabe einwandfrei, bei Dunkelheit und Regen hapert es allerdings mit der bequemen Sicht nach hinten: Ein rascher Blick in den Spiegel soll Informationen über das rückwärtige Verkehrsgeschehen liefern, doch die Scheinwerfer des Hintermannes blenden Ihre Augen, und Sie erkennen gar nichts mehr – eine gefährliche Situation. Nicht aber mit einem Abblendspiegel – ein kurzer Griff, und der Blick ist wieder frei. Solch ein Abblendspiegel besteht im Wesentlichen aus zwei Teilen: einem dünnen Spiegel, meistens aus Silberfolie, und einem keilförmigen, durchsichtigen Glasprisma, das vor den Spiegel geklebt wird. Trifft ein Lichtstrahl auf die Grenzfläche von Luft und Prisma, zerlegt er sich. Der Großteil des Lichtes, etwa 90 Prozent, dringt bis zum Spiegel durch. Dort wird es zurückgeworfen und am Prisma abermals gebrochen, bevor es die Augen erreicht. Die restlichen zehn Prozent reflektiert das Prisma direkt am Kopf vorbei ins Wageninnere.

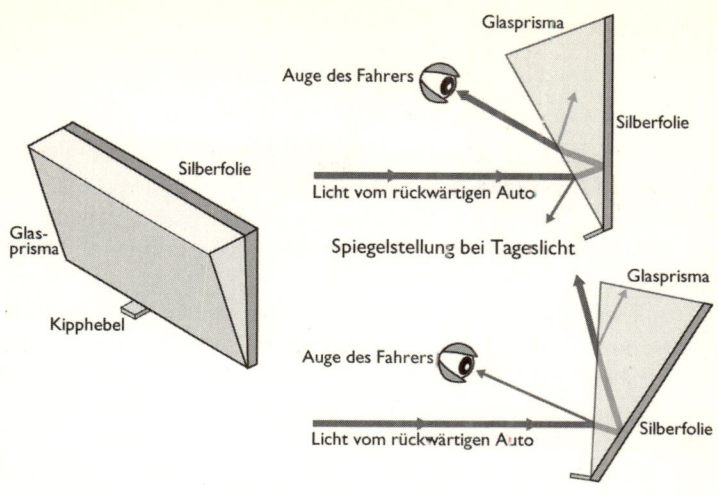

Abgeblendeter Spiegel bei Nacht

Bei Dunkelheit kann es nun vorkommen, dass Ihnen das gebündelte Scheinwerferlicht eines hinterherfahrenden Autos genau in die Augen gespiegelt wird. Um eine Blendung zu vermeiden, wird der Spiegel samt Prisma gekippt. Der Strahlengang des Lichts verändert sich. Die überwiegende Mehrheit der Strahlen wird jetzt gegen den Fahrzeughimmel gelenkt, nur die lichtschwachen zehn Prozent, die vom Prisma direkt reflektiert werden, erreichen die Augen. So können Sie genau verfolgen, was hinter dem Auto stattfindet, ohne geblendet zu werden. In manchen Fahrzeugen der Mittel- und Oberklasse wird der Innenspiegel mittlerweile automatisch abgeblendet. Dazu registrieren zwei lichtempfindliche Widerstände ständig die Lichtverhältnisse vor und hinter dem Fahrzeug. Die Lichtstärke wird in eine Spannung umgesetzt, die an ein in den Abblendspiegel eingelassenes Display angelegt wird. Im Display befinden sich Farbpartikel von nur wenigen Nanometer Größe, die sich der Spannung entsprechend verfärben. Die Sensoren sind sogar so schlau, das Tageslicht der Sonne von künstlichem Scheinwerferlicht zu unterscheiden; so wird nur abgedunkelt, wenn es wirklich nötig ist.

Wie funktioniert ein Strichcode?

Frage von Holger B. aus Offenbach

Ein Strichcode ist eine computerlesbare Schrift. Praktisch alle Informationen können in einem Strichcode gespeichert werden. Wie bei jedem anderen Code ist es lediglich nötig, sich auf einen Schlüssel zu einigen, mit dem die Informationen ver- und entschlüsselt werden.

Am häufigsten trifft man auf EAN-Codes: die Europäische Artikel-Nummerierung. Dieser Code findet sich auf jedem Produkt im Supermarktregal. Unter dem Strichcode steht meist eine Ziffernfolge; diese Nummer ist weltweit einmalig und so etwas wie der Personalausweis eines Produktes. Für jede Produktvariante – andere Größe, andere Farbe oder anderer Geschmack – wird eine neue Nummer vergeben. Dabei ändert der Hersteller einfach die Ziffernfolge in der zweiten Hälfte des Strichcodes.

Die vorderen Zahlen ändern sich nicht; sie hat der Hersteller von einer EAN-Organisation zugewiesen bekommen. Entscheidend ist, wo die Nummer beantragt wird, nicht, wo das Produkt im Endeffekt hergestellt wird. Beantragt also ein Hersteller eine Nummer in Deutschland, beginnt diese mit einer Zahl zwischen 400 und 440. Auf das Präfix folgt die so genannte Basisnummer, die Herstellerkennung. Insgesamt ist dieser erste Teil sieben bis neun Stellen lang. Es folgt dann noch die Zusatznummer mit vier bis sechs Ziffern. So hat die gesamte Nummer insgesamt 13 Stellen. Mit einigen wenigen Ausnahmen: Für kleine Verpackungen wie Zigarettenschachteln gibt es achtstellige Nummern.

Die letzte Ziffer ist bei allen Nummern eine Prüfziffer, ähnlich der Quersumme. Sie errechnet sich aus den andern Ziffern und dient dem Scanner an der Kasse als Kontrolle, ob er den Code richtig eingelesen hat.

Wie wird aus der Nummer nun ein Strichcode? Beim EAN-Code wird jede Ziffer in zwei Striche und zwei Lücken übersetzt. Diese sind unterschiedlich dick. Am Anfang und am Ende des Codes finden sich Start- und Endzeichen, bestehend aus zwei dünnen Strichen und einer dünnen Lücke. In der Mitte stehen zwei dünne Striche mit einer dünnen Lücke davor, dazwischen und dahinter.

Basisnummer	Zusatznummer	Prüfziffer

Wie auch immer die Breiten der Striche und Lücken variieren – die Striche für jede einzelne Ziffer nehmen insgesamt 7 Millimeter ein. Entscheidend für die Erkennung der Ziffer ist das Muster, das die verschiedenen Striche und Lücken bilden.

Und all dies erkennt ein Laserscanner in Bruchteilen einer Sekunde. Er liest den Code, indem er das von ihm reflektierte Licht analysiert: Eine helle Lücke wirft mehr Licht zurück als ein dunkler Strich.

Was ist Schwarzlicht?

Frage von Frank F. aus Heinersdorf

Schwarzlichtröhren sorgen weder dafür, dass es in der Disko dunkel ist, noch senden sie schwarzes Licht aus – das es nicht gibt. Ihr Licht ist für uns nicht sichtbar. Schwarzlicht sorgt aber für ein geheimnisvolles Leuchten weißer Kleidung, von Zähnen und Geldscheinen.

Im Prinzip funktioniert eine Schwarzlichtröhre wie eine ganz gewöhnliche Leuchtstoffröhre: Sie ist mit Quecksilberdampf gefüllt, und an ihren Enden ragen zwei Elektroden in die Röhre hinein. Wird nun der Strom eingeschaltet, so beginnt ab einer gewissen Spannung zwischen den beiden Elektroden ein Strom zu fließen:

Freie Elektronen werden durch die Röhre transportiert. Stoßen die freien Elektronen auf Quecksilberatome, so können diese durch den Stoß angeregt werden. Wenig später gibt jedes Quecksilberatom seine überschüssige Energie in Form elektromagnetischer Strahlung wieder ab: Ein Lichtblitz entsteht. Allerdings ist das Licht, welches das Quecksilberplasma aussendet, für Menschen größtenteils unsichtbar – es ist ultraviolettes Licht. Dieses UV-Licht muss also in sichtbares Licht umgewandelt werden. Das übernimmt in der Leuchtstoffröhre der Leuchtstoff. Eine spezielle Beschichtung auf der Innenseite der Glasröhre wandelt die UV-Strahlung in sichtbares Licht um. Je nach Beschichtung leuchtet die Röhre dann farbig oder in unterschiedlichen Weißtönen, die dem Tageslicht ähnlich sein können.

Schwarzlicht ist also nichts anderes als UV-Licht. Die Umwandlung in sichtbares Licht, Fluoreszenz genannt, geschieht beim Schwarzlicht aber nicht durch die Beschichtung innerhalb der Röhre, sondern außerhalb der Röhre durch die Weißmacher im Papier oder durch die Aufheller in Waschmitteln, durch den Zahnschmelz oder durch nicht gefälschte Geldscheine.

Allerdings lassen die Hersteller die Beschichtung bei Schwarzlichtröhren trotzdem nicht einfach weg. Denn Quecksilberdampf erzeugt auch einen geringen – und in diesem Fall unerwünschten – Teil sichtbaren Lichts, der möglichst abgefangen werden soll.

Ultraviolettes Licht wird nicht nur für interessante Leuchteffekte, etwa im Schwarzen Theater, verwendet, sondern auch, um Spezialklebstoffe aushärten zu lassen, zur Desinfektion oder als Insektenfalle, nicht zuletzt kommt es in der Sonnenbank zum Einsatz. Doch wer regelmäßig und lange in Diskos geht, darf zwar eventuell mit Hörschäden rechnen, nicht aber mit gebräunter Haut. Die Schwarzlichtdosis hier ist zu gering. Das muss sie auch: In der dunklen Disko sind die Pupillen weit geöffnet, und intensive UV-Strahlung könnte so leicht die Augen schädigen.

Wie funktionieren Xenon-Scheinwerfer?

Frage von Tobias G. aus Uettingen

Das Licht der Xenon-Scheinwerfer ist nicht nur heller und intensiver als das von Halogenlampen, es kommt der bläulichen Farbe des Tageslichts auch sehr viel näher. Diese Eigenschaften machen es für Filmemacher genauso interessant wie für Hersteller von Flutlichtanlagen.

Doch meistens begegnet uns das Xenon-Licht auf der Straße: Autohersteller verbauen die neuen Scheinwerfer seit einigen Jahren – gegen Aufpreis. Denn Xenon-Lampen sind erheblich aufwändiger als gewöhnliche Halogen-Scheinwerfer. Das macht sich schon äußerlich bemerkbar: Jeder Xenon-Scheinwerfer benötigt eine Scheinwerfer-Reinigungsanlage. Die ist kein elitärer Schnickschnack, sondern Pflicht. Denn Schmutz auf dem Scheinwerfer bricht das grelle Licht, sodass es den Gegenverkehr stark blendet. Blendwirkung ist ohnehin ein Problem dieser neuen Scheinwerfer. Deshalb gibt es eine weitere gesetzliche Vorschrift: die automatische Leuchtweitenregelung. Sensoren an den Achsen messen ständig die Neigung des Autos, die sich je nach Beladung und beim Bremsen oder Beschleunigen ändert. Die Informationen werden an kleine Stellmotoren weitergegeben, die dafür sorgen, dass die Scheinwerfer nicht zu sehr nach oben oder nach unten strahlen.

Im Innern des Autos geht der technische Aufwand für die Xenon-Scheinwerfer weiter, denn die Lampen benötigen ein elektronisches Vorschaltgerät. Das wandelt zunächst den Gleichstrom der Lichtmaschine in Wechselstrom um. Auch mit einer 12-Volt-Spannung im Auto kann der Xenon-Scheinwerfer nicht arbeiten – um zu zünden, braucht er bis zu 23 000 Volt, danach während der Fahrt etwa 80 Volt.

Über die Leistung ist damit allerdings noch nichts gesagt, die liegt bei nur 35 Watt, mit mehr als doppelter Lichtausbeute als bei einer 55-Watt-Halogenlampe.

Durch das Zusammenspiel von Vorschaltgerät und Zünder wird im eigentlichen Lampenkolben ein Gasgemisch gezündet, das unter hohem Druck steht und unter anderem aus dem Edelgas Xenon besteht. Zwischen zwei etwa fünf Millimeter voneinander entfernten

Elektroden werden die Gasteilchen elektrisch aufgeladen. Beim Entladen entsteht dann ein Lichtbogen.

Die Xenon-Scheinwerfer sollen für mehr Sicherheit sorgen: Der Lichtbogen des Xenon-Gases leuchtet in einer ähnlichen Farbe wie das Tageslicht. Zusammen mit der höheren Lichtausbeute und der damit helleren und breiteren Ausleuchtung der Straße verstärkt Xenon-Licht so die Kontraste und verbessert das Farbsehen bei Nacht.

Was ist Licht?

Frage von Gunnar W. aus Varel

In der Wissenschaft hat sich das Bild vom Wesen des Lichts in den letzten Jahrhunderten mehrfach gewandelt. Isaac Newton entwickelte 1672 eine erste Teilchentheorie. Seiner Meinung nach sendet etwa eine Kerze kleinste Lichtpartikel aus, die sich rasend schnell in gerader Linie ausbreiten und im Auge des Betrachters eine Sinnesempfindung auslösen. Mit dieser Überlegung konnte schon Newton Phänomene wie Spiegelungen und Lichtbrechungen erklären. Andere Lichterscheinungen ließen aber bald vermuten, dass Licht eine Welle ist. So tauchten bei Experimenten Interferenzen auf, die man bis dahin nur von Wasserwellen kannte. Sie entstehen, wenn sich zwei gleiche Wellen überlagern. Liegen sie dabei genau übereinander, verstärken sie sich gegenseitig. Sind sie aber um eine halbe Wellenlänge zueinander versetzt, löschen sie sich aus (die Wellenlänge ist der Abstand zwischen zwei Wellenbergen einer Welle). 1865 fand der Brite James Clerk Maxwell heraus, dass Licht eine elektromagnetische Welle ist, die sich von einer Quelle aus in alle Richtungen mit Lichtgeschwindigkeit (rund 300000 km/s) ausbreitet. Anfang des 20. Jahrhunderts geriet die Wellentheorie allerdings ins Wanken. Immer wenn Licht auf stoffliche Materie trifft (Absorption) oder ein Stoff Licht aussendet (Emission), versagt das Wellenmodell.

Max Planck und Albert Einstein führten deshalb die Lichtquantentheorie ein, die Licht wieder stärker als Teilchen verstand. Aber

Was ist nun Licht? Teilchen oder Welle? Die Antwort ist: beides. Je nach Art des Versuchs und der Beobachtung durch den Menschen erscheint Licht als eine Menge von Teilchen oder von Wellen. Dieser scheinbare Widerspruch, auch Welle-Teilchen-Dualismus genannt, ist mathematisch und durch viele Experimente einwandfrei belegt.

Als Licht wird der für das menschliche Auge sichtbare Teil des elektromagnetischen Spektrums zwischen den Wellenlängen 380 Nanometer (violett) und 780 Nanometer (rot) bezeichnet.

Licht ist eigentlich das Abfallprodukt eines Energietransfers auf atomarer Ebene. Beispielsweise besteht der Glühfaden in einer Glühbirne aus unzähligen Atomkernen, die jeweils von kleinen Elektronenkugeln umkreist werden. Jedes Elektron schwirrt auf einer anderen Bahn, die einem festgelegten Energiezustand entspricht. Wird von außen Energie zugeführt, etwa indem der Strom der Lampe angeschaltet wird, hüpfen die Elektronen in höhere Umlaufbahnen und verändern dabei ihren Energiezustand. Doch der ist nicht stabil. Fallen die Elektronen auf ihre alte Bahn zurück, wird die aufgenommene Energie in Form eines Photons frei, das sich dann als Welle ausbreitet. Die masselosen Photonen sind also die Träger der elektromagnetischen Energie – und damit des Lichts.

Eine durchschnittliche Glühlampe sendet pro Sekunde rund 300 Milliarden Milliarden Photonen aus. Für unsere Augen wird diese Photonenstrahlung als Farbe sichtbar. Abhängig von ihrem Energiegehalt zeigen die Photonen alle Farben des Spektrums. Energiearme Photonen erscheinen uns rot, gefolgt von den Farben Orange, Gelb, Grün, Blau und dem besonders energiereichen Violett.

Warum gibt es so viele verschiedene Hautfarben?

Frage von Stefan R. aus Hinrichshagen

Die Erdbevölkerung lediglich in Weißhäutige und Farbige einzuteilen wäre viel zu einfach, denn jeder Mensch besitzt seinen individuell gemischten Hautton. Hautfarben gibt es also so viele wie Menschen auf der Welt: derzeit rund 6,5 Milliarden. Verantwortlich für die Hautfarbe ist das Melanin, ein vom Körper selbst hergestellter Farbstoff. Das gelbliche, braune bis schwarze Pigment kommt außer im Menschen beispielsweise in Vogelfedern, Insektenpanzern und in der Tinte des Tintenfischs vor. Beim Menschen färbt Melanin Haare, Augen und die Haut. Die dafür verantwortlichen Farbstoffzellen liegen direkt in der obersten Hautschicht sowie in den Bindegewebszellen der Lederhaut. Über die Anzahl und Grundfärbung der Farbstoffzellen entscheidet die genetische Veranlagung schon vor der Geburt.

Vor etwa 2,5 Millionen Jahren lebten in Ostafrika die ersten Urmenschen – mit schwarzer Haut. Sie war damals wie heute ein notwendiger Schutz, denn dunkle Haut mit viel eingelagertem Melanin schirmt die Hautzellen vor zu viel Sonneneinstrahlung ab. Ein Übermaß an Ultravioletter (UV-)Strahlung kann die Gewebszellen zerstören oder derart verändern, dass Hautkrebs entsteht. Melanin wirkt als natürlicher Sonnenschutz, indem es die besonders gefährlichen UV-B-Strahlen absorbiert und in Wärme umwandelt. Darüber hinaus verhindert Melanin, dass die im Blut enthaltene Folsäure durch intensive Sonnenbestrahlung abgebaut wird. Ein Folsäuremangel kann zu Schäden an Spermien und Embryonen führen.

Der Melaninfilter hat aber auch einen Nachteil. Unser Körper benötigt Vitamin D, um Calcium im Darm aufzunehmen und in Knochen und Zähne einlagern zu können. Nimmt der Körper über tierische Fette – enthalten in Lebertran, Ei und Butter – nicht genügend Vitamin D auf, nutzt er die Energie der Sonne, um es aus Grundsubstanzen selbst herzustellen. Melanin behindert diesen Prozess, weil es eben keine Sonnenstrahlen mehr durchlässt. In den sonnigen Gebieten Afrikas und rund um den Äquator stellt dies kein großes Problem dar. Als sich unsere Vorfahren jedoch in den sonnenärmeren Regionen Mittel- und Nordeuropas ausbreiteten, litten die dunkelhäutigen unter ihnen bald unter den Folgen eines gestörten Calciumstoffwechsels: weichen Knochen und schwachen Zähnen. Menschen mit etwas hellerer Haut waren nun im Vorteil, ihr Melaninfilter war schwächer, und es reichte schon ein wenig Sonne aus, um ausreichend Vitamin D zu produzieren. Die Anlagen für wenig Melanin setzten sich nach und nach durch.

Hautfarben sind also eine direkte Reaktion auf klimatische Verhältnisse. Im Laufe der Jahrtausende bildeten sich so weltweit alle nur erdenklichen Farbnuancen aus: Asiaten verfügen etwa über eine eher gelbliche Melaninvariante, hellhäutige Mitteleuropäer besitzen nur wenig Melanin, können es aber durch Sonnenbaden kurzzeitig vermehren, Südamerikaner sind dagegen mit ihrer milden Bräunung perfekt an die extremen Wetterwechsel ihrer Klimazone angepasst.

Die Bezeichnung «Rothaut» für die Eingeborenen Nordamerikas wird übrigens nicht nur als beleidigend empfunden, sondern beruht auch noch auf einem Missverständnis: Die Indianer haben keine rötliche Haut, vielmehr pflegen sie sich zu besonderen Anlässen mit roter Erde zu schminken.

Warum ist es nachts dunkel?

Frage von Riginio C. aus Hunzenschwil

Weil die Sonne nachts nicht scheint. Nein. Weil wir uns nachts auf der sonnenabgewandten Seite der Erde befinden. Schon besser. Eine ausreichende Erklärung ist das aber immer noch nicht. Denn schließlich gibt es im Universum nicht nur unsere Sonne, sondern noch unzählig viele andere Sonnen, die wir für gewöhnlich Sterne nennen. Aber wenn es doch unzählig viele Sterne gibt, warum vermögen sie die Nacht nicht zum Tag zu machen?

Die gleiche Frage stellte sich Anfang des 19. Jahrhunderts auch der deutsche Astronom Heinrich Wilhelm Mattias Olbers. Für seine Überlegungen suchte er ein passendes Analogon und fand es – so meinte er zumindest – im Wald. Geht man in einen großen

Wald und stehen die Bäume hinreichend dicht und zufällig verteilt, so wird man feststellen: Wohin man sich auch wendet, der Blick trifft immer einen Baumstamm. Olbers' Gedanke war nun, wenn es doch überall im Universum Sterne gibt, dann müsste das Auge in mehr oder weniger großer Entfernung an jedem Punkt des Himmels einen Stern sehen können. Der Himmel müsste uns dann als eine homogen leuchtende Kuppel erscheinen. Das größte Problem an dieser Theorie ist: Einen solchen Olbers-Himmel hat noch niemand beobachten können. Nachts ist es nun einmal dunkel. Da Olbers' Gedankengang aber an sich logisch erscheint, war das Olbers'sche Paradoxon geboren. Dieses Paradoxon lässt sich nur auflösen, wenn man Olbers' Voraussetzungen in Zweifel zieht. Olbers ging von der Kant'schen Definition des Universums aus: Das Universum besteht bereits unendlich lange und ist unendlich groß. Die Sterne in ihm sind homogen, also gleichmäßig, verteilt. Das Universum ist eine sich nicht verändernde und unveränderbare Größe. Heute wissen wir, dass das Universum diese Voraussetzungen nicht erfüllt. Deshalb ist das Olbers'sche Paradoxon auch kein Paradoxon, sondern einfach eine falsche Schlussfolgerung. Die Mathematiker haben für solche Gegebenheiten einen Satz: Ex falsum quod libet. Was so viel heißt wie: Aus Falschem folgt Beliebiges.

Natürlich ist auch Olbers nicht entgangen, dass seine Theorie nicht ganz stimmen kann oder zumindest unvollständig ist, denn auch er saß des Nachts im Dunkeln. Seine Theorie war in dem Moment nicht mehr haltbar, als die Wissenschaft neue Erkenntnisse über den Aufbau, das Alter und die Größe des Universums gewann. Verändert man die Olbers'schen Voraussetzungen für den Aufbau des Universums unter Berücksichtigung des heutigen Kenntnisstands, so ergeben sich für das Waldmodell folgende Änderungen: Die Sterne sind nicht homogen im Universum verteilt, sondern sie treten immer gehäuft auf. Die Häufungen nennen wir Galaxien. Der Abstand von einer Galaxie zur nächsten ist um viele Größenordnungen größer als der Abstand der Sterne in einer Galaxie. Die Bäume stehen also nicht in einem mittleren Abstand zueinander, sondern auf einer freien Ebene in kleinen Baumgruppen. Auch wenn die Sichtweite sich bei der Gruppenanordnung erheblich gegenüber einem dicht stehenden Wald vergrößert, könnte Olbers zu diesem Kritikpunkt sagen: «Macht ja nichts, das Universum ist ja unendlich groß! Dann muss man eben weiter gucken, bis in jeder Blickrichtung eine Baumgruppe steht.»

Genau das ist aber ein weiterer Irrtum. Das Universum ist eben nicht unendlich groß. Keiner weiß genau, wie groß es ist, aber dass es endlich groß ist, weiß man. Nun kommt Olbers schon ziemlich in die Bredouille. Aber er könnte antworten: «Unendlich groß muss das Universum ja gar nicht sein. Hinreichend groß würde ja langen.»

An sich hat Olbers da Recht. Da man aber die Verteilung der Galaxien im Universum kennt, ist dieses «hinreichend groß» so groß, dass es ein neues Problem gibt. Olbers nahm an, das Universum bestünde bereits unendlich lange in unveränderter Form. Wir wissen aber, Sterne leben nicht unendlich lange, das Universum expandiert ständig und – das Universum gibt es noch nicht ewig. Für unseren Wald würde das bedeuten: Hin und wieder sterben auch Bäume oder werden gefällt, immer wieder entstehen dadurch Sichtlücken. Dadurch werden die Abstände zwischen den Baumgruppen immer größer, mit der Folge, dass das Olbers'sche «hinreichend groß» stetig zunimmt. Ziehen wir nun noch die Urknalltheorie hinzu, die besagt, dass das gesamte Universum aus einem Punkt entstanden ist und seit dieser Zeit mit einer endlichen Geschwindigkeit expandiert, so können wir mit unserem Wissen über das Alter des Universums ausrechnen, dass dieses «hinreichend groß» viel, viel größer ist, als das Universum überhaupt sein kann. Spätestens jetzt müsste Olbers seine Theorie in den Papierkorb werfen. Und warum ist es nachts nun dunkel? Die Antwort ist: Sag mir, wie viel Sterne stehen – es sind eben viel zu wenige.

Warum bleichen Farben aus?

Frage von Wanda S. aus Regensburg

Kleidungsstücke, die häufig getragen werden, bleichen aus – in erster Linie durch die Sonneneinstrahlung und das häufige Waschen. Darüber hinaus kann auch Schweiß für Farbverluste sorgen, ebenso mechanische Beanspruchungen.

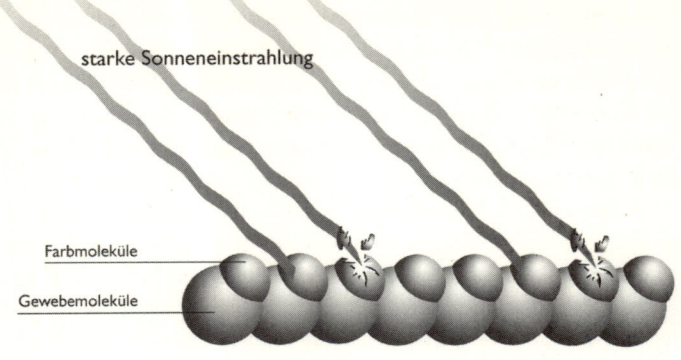

starke Sonneneinstrahlung

Farbmoleküle

Gewebemoleküle

Zu intensive Sonneneinstrahlung zerstört die Farbmoleküle.

Die Farbigkeit des Lieblingspullovers oder auch von Blumen oder Lacken entsteht durch Absorption. Dabei werden bestimmte Wellenlängen des Sonnenlichts vom Gegenstand gleichsam verschluckt, andere reflektiert. Pflanzen erscheinen uns grün, weil der Blattfarbstoff Chlorophyll blaues und rotes Licht absorbiert, die grünen Anteile aber nicht. Beim roten Pullover funktioniert das ähnlich: Alles außer den roten Anteilen des Sonnenlichts wird absorbiert. Das absorbierte Licht überträgt dabei je nach Wellenlänge einen bestimmten Energiebetrag auf die in den Gewebefasern eingelagerten Farbstoffmoleküle. Bei Naturfasern wie Baumwolle oder Leinen können die Farbstoffmoleküle bei intensiver oder lang anhaltender Sonneneinstrahlung die Energiemengen nicht mehr rasch genug in Form von Wärme abgeben, dadurch werden die Farbmoleküle langfristig zerstört. Zu heißes Bügeln hat den gleichen Effekt.

Höchste Licht- und Farbechtheit garantieren nur besonders stabile Indanthren-Farbstoffe, die meist bei qualitativ hochwertigen Textilien eingesetzt werden. Auch Kunstfasern wie Polyacryl oder Polyester vertragen hohe Strahlendosen besser, weil sie die Energie schneller ableiten können – das merkt man daran, dass sich Stoffe aus Kunstfasern bei warmem Wetter besonders stark aufheizen.

Häufiges Waschen lässt die Lieblingsklamotte ebenfalls rasch alt aussehen. Obwohl Buntwäsche nur bei 30 bis 40 Grad gewaschen wird, leidet der Stoff unter dem Wechsel von nass und trocken, warm und kalt. Qualitativ niedrige Farbstoffe sind nur lose mit den Naturfasern verhakt und werden mit der Zeit ausgewaschen. Eine zu heiße Wäsche sorgt für mehr Molekülbewegung und schädigt die Verbindungen weiter. Die Waschmittelhersteller setzen deshalb auf farbfixierende Zusatzstoffe, die die Farbpartikel umschließen und auf der Wäsche halten.

Hochwertige Farbstoffe sind hingegen mit den Textilien chemisch fest verbunden, sie sind farb- und lichtecht und können ohne Folgen auch mal zu heiß gewaschen werden. Doch auf lange Sicht werden auch diese Fasern brüchig und fangen an zu fusseln, was die Farbe matt und stumpf erscheinen lässt.

Die Waschmittelindustrie versucht diesen Effekten mit Enzymen entgegenzuwirken. Da für Buntwäsche optische Aufheller und Bleichmittel nicht in Frage kommen, sollen Enzyme wie Protease den Schmutz farbenschonend beseitigen.

Warum entstehen beim Fensterputzen Schlieren?

Frage von Bernd M. aus Recklinghausen

Beim Fensterputzen entstehen Schlieren, weil der Wasseranteil im Schmutz-Wasser-Gemisch verdunstet und die Schmutzpartikel auf der Scheibe antrocknen. Da helfen auch große Mengen des besten Glasreinigers und Nachpolieren nicht, sondern nur viel frisches Wasser und die richtigen Putzutensilien. Wenn die Sonne geradewegs auf die Scheiben scheint, bilden sich besonders viele Schlieren. Denn die Strahlenenergie der Sonne wird von den Glasmolekülen in Wärme umgesetzt. Auch wenn Glas nicht viel Wärme speichern kann, sondern sie schnell ableitet, reicht die erhöhte Erwärmung aus, um das Waschwasser rasch verdunsten zu lassen. Es ist also besser, die Fenster nicht bei direktem Sonneneinfall zu putzen. Eine Garantie gegen Schlieren ist das jedoch noch nicht, denn auch die Wahl des Wischmaterials und dessen Handhabung spielen eine entscheidende Rolle: Ein idealer Lappen muss den angefeuchteten Schmutz lösen und festhalten. Kann er zwar Wasser, aber keinen Schmutz aufnehmen, verteilt er diesen nur.

Traditionell wird in vielen Haushalten einfaches Zeitungspapier zum Wischen verwendet. Papier besteht aus gepressten Zellulosefasern, die Schmutz und Wasser halbwegs gut aufsaugen. Allerdings kann es passieren, dass beim Abreiben durchnässte Papierfetzen und sogar Druckerschwärze auf der Scheibe zurückbleiben. Ein weiterer Klassiker ist das Fensterleder. Echtes Leder verfügt über eine dichte Struktur. Es kann zwar viel Wasser aufnehmen, schiebt gröbere Schmutzpartikel aber nur vor sich her. Da, wo der Lappen abgesetzt wird, bleibt der Schmutz liegen und bildet Schlieren. Leder ist daher eher zum Nachpolieren geeignet.

Die Putzprofis der Reinigungsfirmen können es sich nicht leisten, die Fenster nur bei bewölktem Himmel zu säubern, und sie putzen selbst größte Fensterflächen streifenfrei – mit einem Gummiwischer. Beim Einseifen verwenden sie besonders viel Wasser, um ein rasches Eintrocknen des gelösten Drecks zu verhindern. Mit dem länglichen Gummiwischer ziehen sie dann das Wasser-Schmutz-Gemisch in einer einzigen, flüssigen Bewegung bis zum unteren Fensterrand. So bleiben keine Wasserreste auf dem Glas zurück. Eine Alternative für den Hausgebrauch sind Mikrofasertücher. Die Hightech-Lappen werden aus extrem feinen Fäden gewebt: 100 Kilometer der synthetischen Faser wiegen gerade einmal ein Gramm. Dadurch ergibt sich eine große Oberfläche, an der jeder noch so kleine Schmutzpartikel hängen bleibt.

Derweil arbeiten deutsche Forscher an einem Fensterputzroboter, der die leidige Wischerei in Zukunft erledigen soll. Während sich der bis zu sechs Kilogramm schwere Roboter auf Saugwalzen über die Glasfläche bewegt, säubert er die Scheibe mit feuchten, auswechselbaren Reinigungstüchern, zieht sie mit einer Gummilippe ab und trocknet sie mit einem Mikrofasertuch – garantiert streifenfrei.

Links und rechts

Warum sind die Buchstaben auf Tastaturen so kompliziert angeordnet?

Frage von Udo A. aus Berlin

Die Anordnung der Buchstaben auf den heute handelsüblichen Tastaturen geht auf Christopher Latham Sholes zurück. Nachdem andere Tüftler bereits versucht hatten, Klaviertastaturen mit Buchstaben zu versehen, oder mit vierreihigen, alphabetisch geordneten Tastaturen experimentiert hatten, entwickelte Sholes um das Jahr 1870 das Tastatur-Layout für Schreibmaschinen, wie wir es noch heute fast unverändert benutzen. Bei seinen ersten Versuchen verhedderten sich die Typenhämmerchen immer wieder. Deshalb ordnete Sholes die Buchstaben so an, dass das Tippen länger dauert – die im Englischen am häufigsten benutzten Buchstaben e, t, o, a, n und i verteilte er über das ganze Tastenfeld. Die Buchstabenkombination «ed», eine häufige Endung, musste und muss mit demselben Finger geschrieben werden. Damit hatte Sholes sein Ziel erreicht: Obwohl die meisten Menschen Rechtshänder sind, lassen sich mit der rechten Hand allein nur etwa 300 englische Wörter schreiben – zusammen mit der linken dagegen etwa 3000. Bei circa einem Zehntel der Buchstabenkombinationen in englischen Texten müssen die Finger von der oberen in die untere Zeile wechseln.

Wenige Jahre später wurde das Zehn-Finger-System entwickelt, mit dem der Erfinder Frank E. McGurrin 1888 mehrere Schnellschreib-Wettbewerbe gewonnen hat. Diese Erfolge haben möglicherweise dazu beigetragen, dass sich die Architektur von Sholes durchsetzte.

Heute gibt es geringfügig unterschiedliche Tastaturen, die nach der Anordnung der ersten Buchstaben in der oberen Tastenreihe benannt werden: Im englischen Sprachraum sind QWERTY-Keyboards üblich, hierzulande haben sich QWERTZ-Tastaturen durchgesetzt. Die Franzosen fallen mit der AZERTY-Tastatur etwas aus dem Rahmen.

Als 1936 August Dvořák, ein entfernter Cousin des tschechischen Komponisten Antonín Dvořák, die Tastatur revolutionieren wollte, war es zu spät – die Benutzer wollten nicht mehr umlernen. Dennoch hat Dvořáks Anordnung der Buchstaben bis heute eine Fangemeinde. Das Prinzip ist einfach: Vokale links, Konsonanten rechts. 20 bis 50 Prozent schneller soll man so schreiben können. Bei der Dvořák-Tastatur fallen knapp 60 Prozent der Tipparbeit auf die rechte Hand – bei QWERTY wird hingegen die linke Hand stärker belastet. Die Wege der einzelnen Finger werden bei der Dvořák-Tastatur kürzer, weil die häufigsten Buchstaben in der mittleren Reihe angeordnet sind. Die Finger einer Schreibkraft legen am Tag zwischen 19 und 32 Kilometer auf einer QWERTY-Tastatur zurück, bei Dvořáks Alternative 40 bis 60 Prozent weniger.

Aber solch rationalem Denken steht die Macht der Gewohnheit gegenüber. Wir bleiben bei QWERTY und QWERTZ und erfinden sogar Handy-Tastaturen, mit denen man Texte noch umständlicher schreiben kann.

Wie baut die Schnecke ihr Haus?

Frage von Annett H. aus Suhl und Barbara K. aus Köln

Kein Tier fürchten Gartenfreunde so sehr wie die Schnecke. Vielleicht hat sich sogar der Schriftsteller Edgar Allan Poe für seine Grusel-Geschichten von Schnecken inspirieren lassen. Jedenfalls hat er in jungen Jahren ein Schulbuch über die Weichtiere herausgegeben – zu seinen Lebzeiten angeblich sein erfolgreichstes Buch. In der Zwischenzeit sind fast 170 Jahre vergangen, und wir wissen zwar immer noch nicht alles über Schnecken, aber über ihre Häuser wissen Biologen einiges.

Schnecken kommen schon mit Haus auf die Welt. Zum Beispiel die Weinbergschnecke: Sie reift in einem Ei heran, das die Schneckenmutter in einem selbst gegrabenen Erdloch abgelegt hat. Gemeinsam mit ihren 40 bis 50 Geschwistern schlüpft sie und frisst als Erstes ihre eigene Eierschale auf. Denn kalkhaltige Nahrung ist

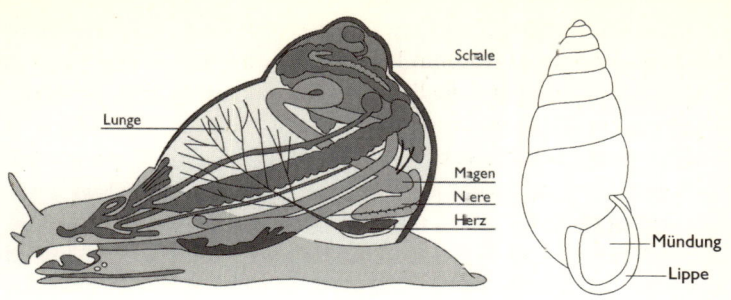

Bauplan einer Weinbergschnecke

wichtig, damit das noch weiche Gehäuse möglichst schnell hart wird. Wenn es so weit ist, kriechen die kleinen Schnecken aus ihrer Erdhöhle heraus.

Etwa drei Jahre lang ist die Weinbergschnecke dann mit dem Hausbau beschäftigt. Dazu scheidet sie auf dem Rücken einen Kalkbrei aus, der durch Proteine fest wird. Windung um Windung baut sie so an ihrem Haus an. Entsprechend ihrem eigenen Wachstum macht sie die Windungen immer breiter. Der Rand des Gehäuses ist bei jungen Schnecken an der Mündung noch recht scharf. Eine ausgewachsene Schnecke rundet ihn ab und bildet mit dem Ende des Hausbaus eine immer dicker werdende Mündungslippe.

Die Vorstellung, dass Schnecken sich ihr Haus suchen müssen oder ein verlassenes Haus beziehen können, gehört ins Reich der Märchen. Deshalb gilt auch: einmal Nacktschnecke, immer Nacktschnecke. Im Lauf der Evolution haben diese Arten ihr Haus abgelegt. Das Gehäuse bietet zwar einen guten Schutz gegen Feinde, aber viele können die harte Schale auch knacken. Da kann man sich den Ballast auch sparen. Nacktschnecken sind dafür so schleimig, dass viele Tiere sie nicht fressen können. Und heutzutage scheint ihnen ihre schlanke Figur mehr denn je von Vorteil zu sein: Im Gegensatz zu ihren behausten Verwandten kommen sie auch durch engmaschige Gartenzäune. Einige Nacktschnecken haben sich tatsächlich komplett vom Haus getrennt, andere tragen noch Reste davon in sich: Bei einigen Arten haben Wissenschaftler im Rücken Kalkplättchen oder -körnchen gefunden.

Schnecken, die hingegen mit Haus leben, sind auf das Haus auch angewiesen, denn im Gehäuse liegen wichtige Organe. In einem Eingeweidesack haben sie dort beispielsweise Lunge, Darm und Herz ausgelagert.

Eine Besonderheit bei Schneckenhäusern ist, dass sie nicht symmetrisch sind wie die Schalen anderer Weichtiere. Schneckenhäuser steigen an einer Seite deutlich zu einem Gipfel an, manche winden sich richtig steil und spitz in die Höhe. Im genetischen Bauplan der Schnecken ist festgeschrieben, ob sich die Schale links- oder rechtsherum windet. So gut wie alle Weinbergschneckenhäuser winden sich rechtsherum, Ausnahmen sind sehr selten. Wer einen solchen «Schneckenkönig» findet, ist ein richtiger Glückspilz – die Chance ist fast so gering wie die auf einen Lottogewinn.

Warum laufen Athleten im Stadion immer gegen den Uhrzeigersinn?

Frage von Rainer N. aus Bünde

Die Frage lässt sich einfach beantworten: weil es so in den Regeln steht. Für Kurz-, Mittel- und Langstreckenläufer aller Disziplinen gelten die Vorschriften des Internationalen Leichtathletikverbandes IAAF. Da heißt es in Regel 163.1: «The direction of running shall be left-hand inside.» Oder zu Deutsch: «Der Innenraum muss in Laufrichtung links liegen.»

Eine Begründung für die seit 1912 gültige Richtungsentscheidung liefert die IAAF allerdings nicht, weshalb Spekulationen Tür und Tor geöffnet sind. Viele vermuten hinter der Anweisung eine historische Verbindung zum Linksverkehr der Briten, andere glauben, dass die linksorientierte Laufrichtung der menschlichen Anatomie entgegenkommt.

Das Herz, so Anhänger der letztgenannten These, liege schließlich auf der linken Körperseite, weshalb es dem Menschen leichter falle, den Körper nach links zu wenden. Dieser vermeintliche «Linkssinn» hat aber wohl mehr mit der Gewöhnung an bestimmte Bewegungsmuster zu tun.

Plausibler, wenn auch genauso unbestätigt, ist der vermutete Zusammenhang mit der so genannten Händigkeit. Nur etwa jeder Zehnte bevorzugt seine linken Gliedmaßen, um zu schreiben, einen Ball zu werfen oder sich bei einem Sprung abzudrücken. Eine Studie an 2000 Soldaten hat gezeigt, dass die stark genutzten rechten Gliedmaßen meist sogar etwas länger und kräftiger sind als die linken. Bei den hohen Laufgeschwindigkeiten von fast 38 km/h könnte vor allem das kräftige rechte Bein den auftretenden Fliehkräften bei der Laufrichtung gegen den Uhrzeigersinn besser entgegenwirken – es drückt den Läufer zurück in die Kurve. Auch ein starker rechter Armschwung hilft, nicht aus der Bahn geworfen zu werden. Gut zu beobachten ist dies bei Eisschnellläufern, die ihre Wettkämpfe, genau wie Bahnradsportler und Rennpferde, ebenfalls stets linksdrehend austragen. Ob derartige Erkenntnisse 1912 bei der Entscheidung der Funktionäre eine Rolle gespielt haben, ist allerdings ungewiss.

Bleibt noch die «Linksverkehrtheorie»: Die Briten wollen neben dem Fußball auch den Lauf- und Pferdesport in seiner heutigen Form erfunden haben. So starteten die ersten Pferderennen auf der Insel wegen Galoppbahnmangels noch auf öffentlichen Straßenrundkursen. Weil die Wagenlenker schon damals rechts auf dem Bock saßen, blieb man der besseren Einsicht wegen bei Strecken mit Linkskurven. Als dann die Mittel- und Langstreckenläufer ebenfalls auf die Idee kamen, im Oval zu rennen, taten sie dies zuerst auf den Pferdebahnen. Die Laufrichtung übernahmen sie dann in ihre Laufstadien.

Es gibt aber auch Hinweise, dass durchaus in beide Richtungen gelaufen wurde. Denn auf Naturbahnen spielt der Geländeverlauf eine wichtige Rolle. Sollte eine Zielgerade beispielsweise nicht bergan führen, könnte dies einen Richtungswechsel nötig gemacht haben. Auch in der Formel-1 gibt es sowohl rechts- als auch linksgeführte Strecken – je nach landschaftlicher Gegebenheit.

Wirklich gesichert ist keine dieser Begründungen. Eine allerdings ist noch übrig, die alle anderen Erklärungsversuche überflüssig macht: So sollen die Herren von der IAAF die Wahl der Laufrichtung ganz ohne Rücksicht auf Sportlerkörper oder Traditionen getroffen haben – indem sie einfach das Los entscheiden ließen.

Wie funktioniert der VPS-Code?

Frage von Ercevic L. aus Ludwigshafen

Im Herbst 1985 führten die Landesrundfunkanstalten der ARD und das ZDF das Video-Programm-System, kurz VPS, ein. Mittlerweile nutzen in Deutschland alle öffentlich-rechtlichen und der private Fernsehsender RTL2 dieses System, das dem Videorekorder zur rechten Zeit den Startbefehl gibt – verschobene Sendetermine sind dadurch kein Problem mehr, der Rekorder zeichnet in jedem Fall die gewünschte Sendung auf.

VPS nutzt die Austastlücke aus, die bei der Bilderzeugung im Fernsehgerät entsteht. Ein Fernsehbild baut sich fortlaufend aus drei Elektronenstrahlen (einer für jede der Grundfarben Rot, Grün, Blau) auf, die den Leuchtschirm zeilenweise von oben rechts nach unten links abtasten. Ist das Signal in der letzten Zeile angekommen, muss der Strahl wieder nach oben springen. In dieser Zeit kann keine Bildinformation übertragen werden, dafür aber anderes Nützliches: Texte, Grafiken (Videotext) oder eben die VPS-Daten.

Das Signal selbst besteht aus 32 Bits. Ein Bit hat entweder den Wert 0 oder 1. Zwei Bits codieren die Adresse des Signals, fünf Bits den Sendetag, vier Bits den Monat, fünf Bits die Stunde und sechs Bits die Minute des Beitragsbeginns. Vier Bits codieren die Nationalitäten, und sechs markieren den Sender. Hinzu kommen noch Systemcodes, etwa wenn kein VPS-Signal verschickt werden soll, ein Leercode und Unterbrechungscodes – für den Fall längerer Sendungspausen und technischer Probleme.

Um eine Aufzeichnung per VPS zu starten, muss der Zuschauer nur Sender, Datum und Startzeit in den Rekorder eingeben. Dabei muss unbedingt die genaue VPS-Zeit eingegeben werden, die manchmal von der in der Programmzeitschrift angekündigten Startzeit abweicht. Zu Beginn einer Sendung strahlen die Fernsehanstalten dann das passende VPS-Signal aus. Über Antenne, Satellit oder Kabel gelangt es zum Videorekorder und wird dort mit den eingespeicherten Angaben verglichen. Stimmen beide Datensätze überein, wird die Aufnahme automatisch gestartet und beendet.

Trotzdem kommt es vor, dass Aufzeichnungen per VPS unvollständig sind oder ganz ausfallen. Meistens beruht dies auf Bedienungsfehlern des Nutzers, etwa wenn eine andere Zeit als die VPS-Zeit eingegeben wurde. Ursache können aber auch falsch ausgesendete VPS-Signale sein, die den Rekorder zu früh, zu spät oder gar nicht aktivieren.

Eine ähnliche Technik wie VPS wurde 1993 unter dem Namen «ShowView» eingeführt, angestoßen von einigen Videogeräte-Herstellern und Programmzeitschriften. Die Einprogrammierung einer Sendung in den Rekorder geht über «ShowView» besonders schnell, weil der Zuschauer nur eine bis zu neunstellige Zahl eingeben muss. Dafür werden Programm- und Sendezeitverschiebungen aber nicht berücksichtigt. Wie die Codierung bei «ShowView» funktioniert, ist streng geheim, das System wird kommerziell vertrieben.

Warum drehen sich Planeten?

Frage von Thomas K. aus Schwabenheim

«Und sie bewegt sich doch!» – Dass sich die Erde um die Sonne dreht, und nicht umgekehrt, wusste Galileo Galilei schon 1632. Erst viel später, im Jahr 1851, konnte der französische Physiker Jean Bernard Léon Foucault mit einem Pendel nachweisen, dass sich die Erde auch um sich selbst dreht – genau wie die anderen acht Planeten und die Sonne. Warum sie das tun, wird von Geologen, Astronomen und Physikern bis heute heiß diskutiert.

Wahrscheinlich drehen sich Planeten, Sonnen und Galaxien, weil sie sich aus bereits drehendem Material zusammensetzen: Vor 4,6 Milliarden Jahren entstand aus einer sich verdichtenden Wasserstoff- und Heliumwolke unsere Sonne. Atomare Anziehungskräfte sorgten für die erste, langsame Drehbewegung. Um den jungen, entgegen den Uhrzeigersinn rotierenden Stern sammelten sich winzige, interstellare Staub- und Materieteilchen, die ihn in einem immer dichter werdenden, scheibenförmigen Ring in gleicher Richtung umkreisten. Die zusammenstoßenden Staubkörner bildeten

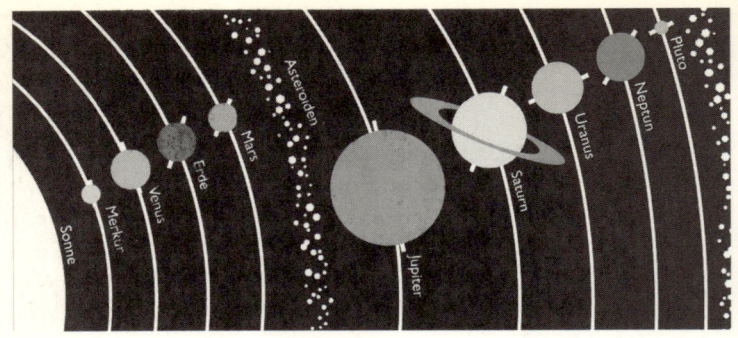

Alles dreht sich um die Sonne.
Jeder Planet kreist dabei um eine mehr oder weniger geneigte Achse.

immer größere Klumpen, die schließlich zu den bekannten Planeten anwuchsen.

Auch die planetare Eigenrotation ist – wie bei der Erde – zum
Teil auf derartige Zusammenstöße zurückzuführen. 50 Millionen
Jahre nach der Geburt des Sonnensystems kollidierte die Erde mit
einem anderen Urplaneten, der etwa die Masse des Mars hatte. Der
Aufprall war so gewaltig, dass ein Teil der Erde abgesprengt wurde
und sich in einer Umlaufbahn sammelte. Forscher glauben, dass
aus diesen Trümmern der Mond entstand. Doch viel wichtiger ist:
Der kosmische Zusammenknall versetzte die Erde in ihre noch
heute anhaltende Drehung. Weil der auftreffende Planet nicht genau im Zentrum einschlug, sondern schräg versetzt, bekam die
Erde einen Drall – ähnlich einer angeschnittenen Billardkugel. Der
Impuls war so stark, dass ein damaliger Erdentag wahrscheinlich
nur fünf Stunden dauerte. Seitdem hat sich die Erddrehung um
0,0015 Sekunden pro Jahrhundert verlangsamt.

Der Mond rotiert ebenfalls um die eigene Achse, was von der
Erde fast unbemerkt bleibt, denn wir sehen immer dieselbe Seite
des Monds, weil seine Rotation an die der Erde gebunden ist: Er
kreist genauso schnell um die Erde wie um sich selbst.

Fast alle Planeten unseres Sonnensystems drehen sich übrigens
gegen den Uhrzeigersinn – bis auf den Saturnmond Titan, den Gas-
planeten Uranus und die Venus.

Form und Farbe

Warum lassen sich Küstenlängen nicht genau bestimmen?

Frage von Horst C. aus Kehl

Wenn Sie sich ein möglichst genaues Bild von der Erdoberfläche machen wollen, benutzen Sie am besten einen Satelliten. Mit hoch entwickelten Messinstrumenten ermittelt er problemlos die Länge des Rheins, die Höhe des Matterhorns oder die Fläche des Bodensees. Doch selbst der Satellit versagt, wenn es darum geht, die genaue Länge einer Küste zu bestimmen.

Angenommen, der Satellit fertigt Bilder der zerklüfteten Küste Großbritanniens mit einer Auflösung von 100 Metern. Wegen des großen Maßstabes können Sie viele kleinere Buchten und Felsvorsprünge auf den Aufnahmen aber gar nicht erkennen. Die gemessene Küstenlänge wird daher zu gering ausfallen. Schreiten Sie den Strand nun mit einem Meterstab ab, vergrößert sich zwar die Auflösung und damit die gemessene Gesamtlänge, aber noch immer bleiben einige Zerklüftungen unberücksichtigt. Das Ganze lässt sich ins Unendliche weiterführen. Schließlich besitzt jedes noch so winzige Sandkorn zahllose Einbuchtungen und Kerben, die Sie in ihrer Gesamtheit nicht vermessen können – und auch niemand sonst. Daraus folgt: Die Länge einer Küste ist unendlich lang.

Wie kommt es aber, dass sich die Fläche einer Insel wie Großbritannien durchaus berechnen lässt – obwohl ihr Umfang nachweislich unendlich ist?

Der polnische Mathematiker Benoit Mandelbrot beschäftigte sich als einer der Ersten mit diesem scheinbaren Paradoxon. Er erfand dafür den Begriff «Fraktal», was so viel wie «gebrochen» bedeutet. Mandelbrot fand heraus, dass fraktale Gebilde, wie eine Küste oder das Geflecht von Adern in unserem Körper, über eine gebrochene Dimension verfügen. Ein Fraktal ist demnach keine Linie (1. Dimension), Fläche (2. Dimension) oder Körper (3. Dimension), sondern liegt praktisch im zwischendimensionalen Raum.

49

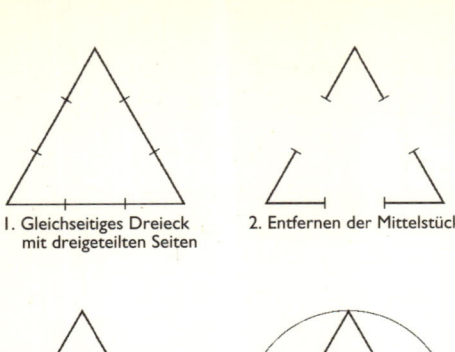

1. Gleichseitiges Dreieck
mit dreigeteilten Seiten

2. Entfernen der Mittelstücke

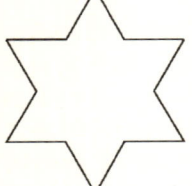

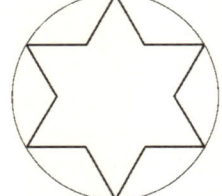

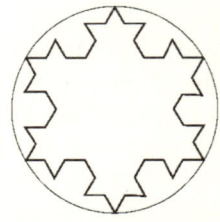

3. Ersetzen der Mittelstücke | 4. Kreis um Kanten ziehen | 5. Die Fläche des Vielecks wird nie größer als die des Kreises.

Warum dies so ist, veranschaulicht die «Optimale Schneeflocke» des Norwegers Helge von Koch. Dabei werden die Seiten eines gleichschenkligen Dreiecks in drei gleich große Abschnitte unterteilt (Grafik 1). Nun wird das mittlere Stück herausgenommen (Grafik 2) und durch zwei Teile der gleichen Länge (Grafik 3) ersetzt. Jede der drei Seiten verfügt nun über 4/3 ihrer ursprünglichen Länge. Der Umfang des Dreiecks wächst damit ebenfalls um 4/3. Mit dem entstandenen Gebilde lässt sich das Verfahren beliebig oft wiederholen. Der Umfang wird sich jedes Mal um 4/3 seines vorhergehenden Wertes erhöhen und schließlich gegen unendlich streben. Um die Fläche zu bestimmen, zieht man einfach einen Kreis um die Kanten des ursprünglichen Dreiecks (Grafik 4). Die Fläche bleibt dadurch begrenzt, während der Umfang unendlich groß wird. Diese Eigenschaft der Fraktale lässt sich geometrisch nicht mehr mit Linie, Fläche oder Körper darstellen. So ergibt sich für die «Optimale Schneeflocke» (Grafik 5) eine Dimension von 1,262.

Wie weit ist der Horizont entfernt?

Frage von Andrea L. aus München

Wir können Millionen Lichtjahre weit sehen – schauen wir in den Sternenhimmel. Doch wenn wir unseren Blick nicht in den Sternenhimmel richten, sondern auf ganz irdische Ziele, so sind der Fernsicht Grenzen gesetzt. Berge, Bäume oder Häuser versperren den Weg und bilden den natürlichen Horizont. Dieser kann in den Bergen weiter entfernt sein als im Flachland. Grund dafür ist die Erdkrümmung.

Den eigentlichen Horizont als gerade Trennlinie zwischen Himmel und Erde sieht man am besten am Meer. Für Seefahrer spielt dieser nautische Horizont, die Kimm, eine wichtige Rolle. Er dient als Basislinie für Messungen mit einem Sextanten. Doch auch ohne dieses Navigationsinstrument lassen sich anhand des Horizonts Abstände berechnen.

Befinden Sie sich beispielsweise am Strand und möchten von Ihrem Standpunkt direkt am Wasser den Abstand zum Horizont berechnen, ist das ziemlich einfach. Alles, was Sie dafür kennen müs-

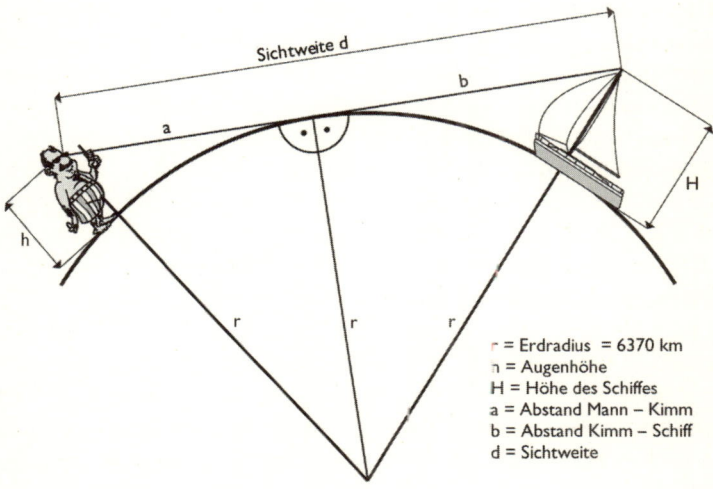

r = Erdradius = 6370 km
h = Augenhöhe
H = Höhe des Schiffes
a = Abstand Mann – Kimm
b = Abstand Kimm – Schiff
d = Sichtweite

Am Strand kann ein Schiff den Horizont erweitern.

sen, ist Ihre Höhe über dem Meeresspiegel (h) und den Erdradius (r). Der ist nicht überall gleich, aber 6370 Kilometer sind ein guter Mittelwert. Jetzt kann man mit der Tangente an die Erdkugel ein rechtwinkliges Dreieck bilden. Um die Länge (a) der Tangente zu berechnen, hilft Pythagoras mit seinem berühmten Satz $a^2+b^2=c^2$. Übersetzt auf unsere Grafik, lautet er: $a^2+r^2=(r+h)^2$. Kurz umgeformt und für Ihre Augenhöhe 1,80 Meter eingesetzt, ergibt sich $a \approx 4789$ Meter.

Beobachten Sie aber ein Schiff am Horizont, werden Sie es auch dann noch sehen, wenn es über die eben berechnete Grenze hinausgefahren ist. Nur langsam wird es von unten nach oben verschwinden. Die Spitze des Mastes ist bis zuletzt zu sehen. Wie weit das Schiff zu diesem Zeitpunkt entfernt ist, können Sie analog zu obiger Rechnung herausfinden. Für einen $h=10$ Meter hohen Mast ergibt sich $b \approx 11287$ Meter und $d=a+b \approx 16076$ Meter.

Doch Experten bringen jetzt zusätzlich noch die Atmosphäre ins Spiel. Wegen der Lichtbrechung in der Luft können wir etwas weiter sehen als gerade berechnet. Um die Berechnungen nicht zu kompliziert werden zu lassen, haben die Nautiker einige Vereinfachungen eingeführt und arbeiten letztendlich mit dieser Formel: $d=3,9 \times (\sqrt{h}+\sqrt{H})$, mit d in Kilometern und h sowie H in Metern. Das ist selbstverständlich nur eine Faustformel, was man schon daran erkennt, dass man hier die Wurzel aus Metern als Längeneinheit erhält. Da außerdem die Lichtbrechung und viele andere Faktoren vereinfachend einberechnet sind, kann man zudem die Formel leider nicht benutzen, um aus einer bekannten Entfernung d die Höhe H eines Objekts zu ermitteln.

Warum ist das Meer blau?

Frage von Ralf H. aus Essenheim

Der blaue Planet trägt seinen Namen zu Recht: Aufnahmen aus dem Weltraum zeigen die Erde als eine zu 70 Prozent mit blauem Wasser bedeckte Kugel. Aber wie kann das Meer blau sein, wenn Wasser an sich farblos ist? Und was ist mit dem Gelben, dem Roten und dem Schwarzen Meer? Eine landläufige Erklärung lautet, das Meer sei blau, weil sich darin der blaue Himmel spiegele. Das stimmt aber nur zum Teil, denn auch bei dicht bewölktem Himmel erscheint das Meer keinesfalls farblos, sondern wenigstens grünblau. Das Blau des Himmels und des Meeres haben die gleiche Ursache: Rote Sonnenlichtanteile werden geschluckt, blaue gestreut oder, wie beim Meer, auch gespiegelt.

Sonnenlicht als Summe aller Farben ist weiß. Erst wenn es auf ein Medium trifft und einzelne Lichtanteile absorbiert, gestreut oder reflektiert werden, entstehen Farbeneindrücke. Im Meer sind es vor allem die Wassermoleküle, die sich dem Sonnenlicht in den Weg stellen. Langwelliges Licht, wie Rot und Gelb, wird von ihnen eher geschluckt als kurzwelliges Grün oder eben Blau, das stark zerstreut und reflektiert wird. Dieser Effekt ist allerdings gering, weshalb einzelne Wassertropfen oder eine gefüllte Badewanne noch farblos erscheinen. Mit zunehmender Wassertiefe verschwinden nacheinander die Rot-, Gelb- und Grüntöne, und das Blau wird zusehends kräftiger. Je mehr Sonnenlicht auf das Meer trifft, desto mehr Blau kann an die Oberfläche zurückgestreut und reflektiert werden. Tropische Gewässer leuchten daher besonders blau. Ein Eindruck, der an Südseestränden durch den Meeresgrund aus weißem Korallensand noch verstärkt wird.

An der Färbung des Meeres sind auch die vielen darin befindlichen Schwebeteilchen und Lebewesen beteiligt. So erscheinen kühlere Meere wie die Nord- und Ostsee selbst bei strahlend blauem Himmel eher grünlich. Verantwortlich dafür sind riesige Mengen mikroskopisch kleiner Algen, die den Blattfarbstoff Chlorophyll enthalten und alle Farben absorbieren bis auf Grün.

Im Roten Meer sind es Blaualgen, die nur rote Lichtanteile reflektieren. Auch gelöstes und oxidiertes Eisen kann Wasser eine rote Tönung geben.

Vor Chinas Küste befindet sich das Gelbe Meer. Den Namen trägt es wegen seiner Zuflüsse, die große Mengen fein gemahlener Steine und Tonerde aus dem Landesinnern mitführen. Aus einem ähnlichen Grund erscheinen Gletscherflüsse milchig weiß – in ihnen sind Mineralien und vor allem Kalk gelöst. Das Schwarze Meer verdankt seine Bezeichnung den in ihm herrschenden lebensfeindlichen Bedingungen. Wegen des geringen Wasseraustausch mit dem Mittelmeer ist Leben hier nur in der oberen, sauerstoffreichen Schicht möglich. In Tiefen unter 200 Metern produzieren Bakterien unter Sauerstoffausschluss eine bis zum Grund reichende, schwarzbraune Schicht aus Biomasse, die jeden Sonnenstrahl schluckt.

Dennoch: Diese «bunten» Meere bedecken nur kleine Flächen, und vom Weltall aus gesehen bleibt die Erde der blaue Planet.

Warum ist Eis manchmal blau?

Frage von Heino B. aus Neuhofen

Eisberge und Eisschollen – zum Beispiel vor Grönland – schimmern manchmal geheimnisvoll in einem kräftigen Blau. Schnee und Hagel in unseren Breitengraden oder auch Eis im Eisstadion oder Eis im Gefrierfach: Das gefrorene Wasser erscheint uns hier meistens weiß. Der Grund für das weiße Aussehen ist die relativ lockere Struktur des Eises. Es hat sich Schicht für Schicht gebildet, dabei sind viele Lufteinschlüsse entstanden, diese reflektieren das weiße Sonnenlicht wie ein Spiegel – das Eis erscheint weiß.

Blau aussehendes Eis dagegen ist sehr kompakt. Es wurde durch hohe Eis- und Schneelasten zusammengepresst oder durch mehr-

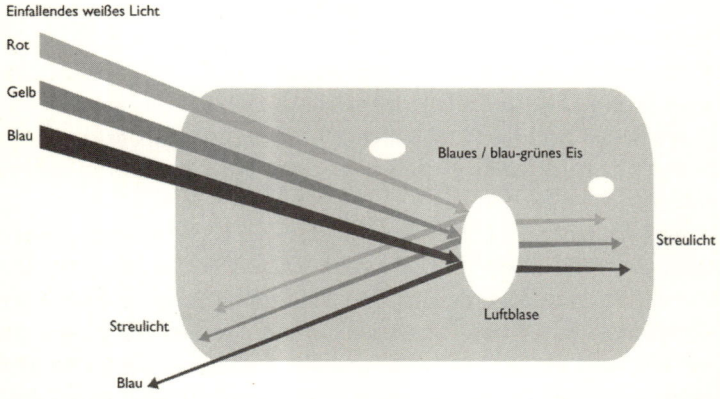

Auf dem langen Weg durch das Eis wird das Licht nach Farben gefiltert.

maliges Auftauen und Gefrieren immer dichter. Schneidet man ein kleines Stück aus diesem Eis heraus, erscheint es nicht weiß, aber auch nicht blau: Es ist transparent. Licht kann also ungehindert das Eis durchfluten – so scheint es. Aber nicht Licht jeder Wellenlänge kommt gleich gut durch das Eis. Das weiße Sonnenlicht setzt sich aus Licht unterschiedlicher Wellenlängen zusammen, vom langwelligen roten Licht über grünes Licht bis hin zum kurzwelligen blauen Licht. Wassermoleküle reagieren unterschiedlich auf die Wellenlängen. Besonders durch das rote Licht werden sie zum Schwingen angeregt. Das bedeutet für das Licht: Es verliert an Energie, und ein immer größerer Anteil des roten Lichts bleibt auf der Strecke. Am wenigsten interessieren sich die Wassermoleküle für das blaue Licht. Ist also der Weg, den das Licht innerhalb des Eises zurücklegt, besonders lang, kann das Eis blau erscheinen. Jetzt ist auch klar, warum es eine Bedeutung hat, dass das Eis nur wenig Lufteinschlüsse enthält: Trifft das Licht zu früh auf eine Luftblase, so wird es reflektiert, und das Eis erscheint weiß. Trifft es erst tiefer im Eis auf Luft, kann mehr Licht absorbiert werden, und das Blau kommt stärker zur Geltung.

Warum laufen Wellen immer auf den Strand zu?

Frage von Emil H. aus Bretzenheim

Was zunächst sichtbar ist: Der Wind treibt die Wellen gegen die Küste. Auch auf der windabgewandten Seite einer Insel gibt es jedoch eine etwas schwächere, aber deutliche Brandung; denn nicht nur der Wind allein erzeugt Wellen – wir kennen zahlreiche Wellentypen.

Völlig unabhängig von Wind- und Luftdruckschwankungen sind die Gezeitenwellen. Sie entstehen, wenn die Anziehungskräfte von Mond und Sonne den Meeresspiegel halbtäglich um bis zu zehn Meter heben und senken. Diese Gezeitenströmung ist zwar nicht überall gleich stark, sorgt aber auch an windgeschützten oder -abgewandten Küsten für eine Brandung. Ebenso erzeugen Seebeben und unterseeische Vulkanausbrüche Wellen von bis zu

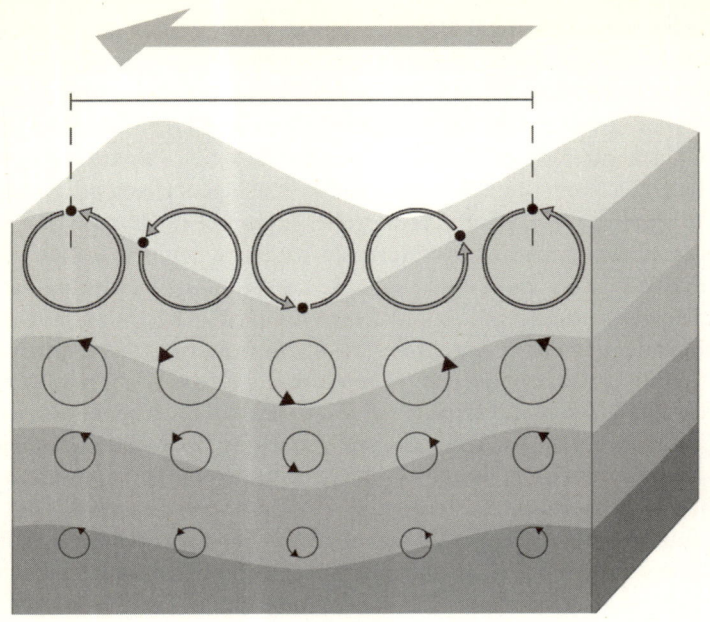

Egal, was eine Welle verursacht, die Wasserteilchen bewegen sich nie vorwärts, sondern eher kreisförmig. Mit zunehmender Tiefe schwächt sich die Zirkulation ab.

1000 Kilometer Länge, die – genau wie Gezeitenwellen – erst sichtbar werden, wenn sie auf eine Küste laufen.

Eine Besonderheit sind «Seiches». Mit diesem französischen Ausdruck bezeichnen Fachleute Wellen, die in Seen, Buchten und Nebenmeeren durch die Eigenschwingung des Wassers entstehen. «Seiches» gibt es beispielsweise in der Ostsee. Zwar werden sie von Wind- und Luftdruckschwankungen verursacht, sie können sich aber auch entgegen der Windrichtung bewegen.

Meereswellen sind also nicht nur vom Wind abhängig, sondern werden von mehreren Kräften verursacht. Entsprechend vielfältig sind ihre Formen: Ihre Höhe reicht von unter einem Millimeter bis zu 40 Metern, ihre Länge von weniger als einem Millimeter bis zu 3000 Kilometern, und eine Periode kann von 0,1 Sekunden bis über zwölf Monate dauern. All diese Wellenarten bilden gemeinsam den Seegang.

In Küstennähe nimmt die Wassertiefe immer weiter ab. Die bewegten Wasserteilchen treffen schließlich auf den Meeresboden, meist schräg versetzt zur steigenden Küste. Der langsam ansteigende Grund zwingt die Welle in Richtung des Strandes, bis sie nach einiger Zeit senkrecht auf die Uferlinie zuläuft. Nun entsteht die Brandungswelle. Die Wasserteilchen in der Nähe des Grundes bewegen sich langsamer als die Teilchen über ihnen. Da die transportierte Energie jedoch erhalten bleiben muss, wächst die Welle in die Höhe, und die Wellenkämme rücken immer enger zusammen. Sobald die Wassertiefe kleiner wird als die halbe Wellenlänge, werden die Teilchen am Grund von denen an der Oberfläche überholt – die Welle bricht. An Steilküsten treten diese Effekte selten auf, das Wasser ist dort einfach zu tief, und die Welle findet keinen Grund, so dass sie weder ihre Richtung ändern noch brechen kann.

Warum haben Windräder drei Flügel?

Frage von Wilfried S. aus Altrip

Don Quichotte war sich sicher: «Riesen!», rief der Ritter. «Und jeder hat vier Arme!» – «Nein», entgegnete Sancho Pansa: «Es sind Windmühlen, und jede hat vier Flügel!» Schon seit etwa 4000 Jahren nutzt der Mensch die Kraft des Windes, um Getreide zu mahlen, Wasser zu pumpen – und um Strom zu erzeugen. Die Hightech-Mühlen von heute haben mit den Windmühlen des 17. Jahrhunderts, wie sie der Ritter von der traurigen Gestalt bekämpft hat, nicht einmal mehr die Anzahl der Rotorblätter gemeinsam. Bis auf wenige Ausnahmen verfügen moderne Windenergieanlagen über drei Rotorblätter – ein Zugeständnis an die Strömungsphysik.

Eine Windkraftanlage wandelt die Bewegungsenergie des Windes über die Flügelbewegung in Rotationsenergie um, mit der ein Strom erzeugender Generator angetrieben wird. Klassische Windmühlen und Windräder älterer Bauart sind «Langsamläufer». Sie haben vier oder mehr Flügel, die sich zu einer großen Flügelfläche vereinen. Schon leichter Wind reicht aus, um die Rotoren in Bewegung zu versetzen, was in windarmen Regionen durchaus vorteil-

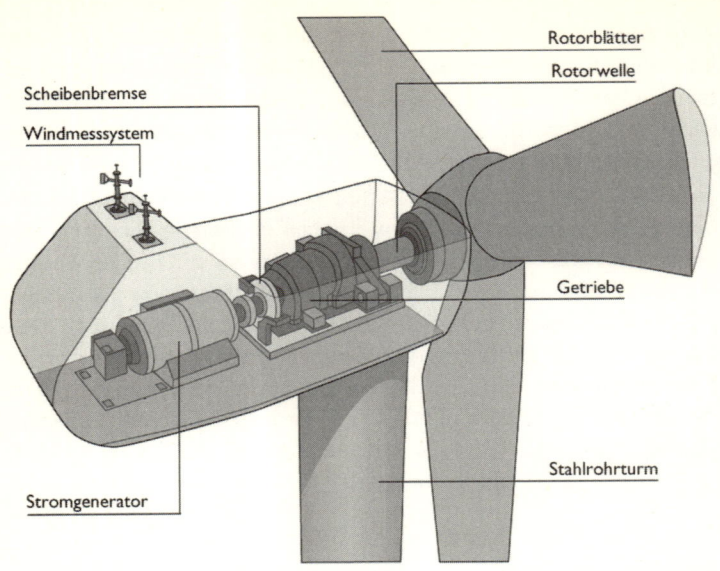

Eine Windkraftanlage kann im Schnitt 1000 Vier-Personen-
Haushalte mit Strom versorgen.

haft ist. Für die Stromerzeugung sind sie dennoch nicht geeignet.
Denn wie der Name schon sagt, drehen sich diese Räder langsam,
und das reicht nur für einfache Pumpen- und Mühlenantriebe aus.
Zur Stromerzeugung benötigt ein moderner 2500-Watt-Generator
aber etwa 700 Umdrehungen pro Minute, wofür der Propeller
mindestens elf Umdrehungen pro Minute an das dahinter liegende
Getriebe übertragen muss. Heute wird fast ausschließlich der Typ
«Schnellläufer» aufgestellt, und hier ist weniger mehr: Er verfügt
über ein bis drei aerodynamisch geformte, besonders leichte Rotoren und eine kleine Blattfläche. Um eine solche Anlage in Gang zu
bekommen, sind zwar Windgeschwindigkeiten von ungefähr
15 Stundenkilometern nötig, dafür dreht sie sich schneller. Mehr
Umdrehungen ermöglichen eine höhere Generatorleistung und
damit einen höheren Energiegewinn. Dreiflügelige Anlagen haben
sich gegenüber den in den 1980er Jahren gebauten Zweiflüglern
durchgesetzt, weil sie leiser laufen und Sturm stärker widerstehen.
   Der Flügel eines Windrades ist ähnlich geformt wie der eines

Flugzeugs. An der vorderen, gewölbten Seite strömt die Luft schneller vorbei als an der flacheren Rückseite. Vorne entsteht ein Sog, an der hinteren Fläche Überdruck. Beides zusammen erzeugt Auftrieb, der das Windrad in Drehung versetzt.

Doch jeder Flügel, der sich durch die Luft bewegt, zieht Wirbel hinter sich her. Die unterschiedlich schnellen Luftströme treffen am spitzen Flügelende zusammen und verwirbeln. Diese Luftspiralen vergrößern den Widerstand und verbrauchen viel Energie. Zusätzlich stören sie die Strömungslinien am nachfolgenden Flügel und senken so die Drehgeschwindigkeit des gesamten Propellers. Ingenieure setzen heute deshalb auf weniger Rotorblätter: Je weiter die Flügel auseinander sind, desto weniger beeinflussen sie sich gegenseitig. Für kleinere Wirbel sorgen außerdem nach außen verjüngte Flügelformen und spezielle Beschichtungen.

Warum schwimmen Schiffe?

Frage von Martin S. aus Dortmund

Als die «Titanic» am 10. April 1912 von Southampton aus auf ihre Jungfernfahrt nach New York aufbrach, galt sie ihren Zeitgenossen als ein Wunderwerk der Ingenieurskunst: Ein knapp 269 Meter langer Stahlkoloss, mit allem erdenklichen Luxus ausgestattet und mit rund 60000 Tonnen Wasserverdrängung das größte Schiff seiner Zeit.

Dass die riesenhafte «Titanic» schwimmen konnte, verdankt sie einem physikalischen Phänomen: dem Auftrieb. Jeder weiß, dass ein Gegenstand, etwa ein Stein, an Land schwerer zu bewegen ist als unter Wasser. Grund dafür ist die Auftriebskraft (F_A), die der zum Erdmittelpunkt gerichteten Gewichtskraft (F_G) des Steines entgegenwirkt, ihn also nach oben drückt (siehe Grafik). Je größer das Volumen, sprich die Wasserverdrängung des eingetauchten Körpers, desto größer ist diese Auftriebskraft. Ihr Entdecker war der Altgrieche Archimedes. Das nach ihm benannte Prinzip lautet wörtlich: «Die Auftriebskraft ist gleich der Gewichtskraft des vom Körper verdrängten Flüssigkeitsvolumens.» Dazu ein Beispiel: Im

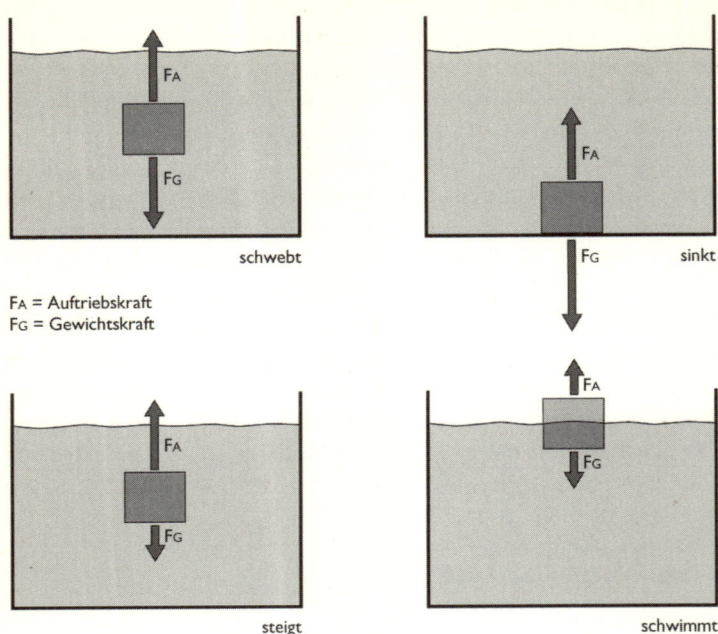

schwebt

sinkt

F_A = Auftriebskraft
F_G = Gewichtskraft

steigt

schwimmt

Wasser liegt ein Stein mit einem Gewicht von 30 Kilogramm. Durch seinen Umfang verdrängt er ca. 10 Liter Wasser. Nach dem Archimedischen Prinzip drückt das Wasser den Stein nun mit 10 Kilogramm nach oben. Der Stein schwimmt nicht, denn der Auftrieb ist kleiner als die verbleibende Gewichtskraft von 20 Kilogramm (30 kg–10 kg=20 kg). Hochheben ließe sich der Brocken aber problemlos.

Damit ein Körper schwimmt, muss die Auftriebskraft also größer sein als die Gewichtskraft.

Ein weiteres Beispiel: Ein 6 Kilogramm schwerer Holzklotz wird unter Wasser gedrückt, wobei er durch sein Volumen 10 Liter Wasser verdrängt. Nach Archimedes erfährt der Klotz nun einen Auftrieb von 10 Kilogramm – genau wie der Stein. Diesmal übersteigt die Auftriebskraft die Gewichtskraft (10 kg>6 kg). Wird das Holz losgelassen, treibt es an die Oberfläche und schwimmt.

Bei gleichem Volumen sinkt der schwere Stein zu Boden, das leichte Holz aber nicht: Um einem beliebigen Gegenstand oder ein

Schiff zum Schwimmen zu bringen, ist also nicht nur der Auftrieb von Bedeutung, sondern auch die Dichte – das Verhältnis Masse pro Volumen. Im Prinzip kann alles schwimmen, was die gleiche oder eine geringere Dichte als Wasser hat – etwa 1 Gramm pro Kubikzentimeter (g/cm^3). Fichtenholz schwimmt, weil es eine Dichte von 0,6 g/cm^3 hat, Stahl geht wegen einer Dichte von 7,8 g/cm^3 unter. Die stählerne «Titanic» konnte schwimmen, weil sie «nur» 46328 Tonnen wog, aber aufgrund ihrer Bauweise 60000 Tonnen Wasser verdrängte. Dies entspricht einer Dichte von 0,78 g/cm^3. Die Differenz von 14000 Tonnen konnte, in Form von Proviant, Kohle sowie rund 2220 Besatzungsmitgliedern und Passagieren samt Gepäck, zugeladen werden. Als der Eisberg am späten Abend des 14. April 1912 ein Leck in die «Titanic» bohrte, liefen Tonnen von Wasser ins Schiff; so lange, bis die Dichte des Schiffs über der des Wassers lag und die «Titanic» durch die zusätzliche Gewichtskraft zu sinken begann.

Warum sind Nadelbäume immergrün?

Frage von Karin F. aus Eichstätt

Um zu verstehen, warum Koniferen, so heißen Nadelbäume in der Botanik, immergrün sind, muss man ihre Lebensbedingungen betrachten. Koniferen sind auf der ganzen nördlichen Erdhalbkugel verbreitet: In Alaska, Skandinavien und Sibirien bilden sie einen dicht geschlossenen Waldgürtel. Aber auch in unseren Breiten und in Südeuropa gibt es großflächige Nadelwälder. Im hohen Norden sind die Nadelbäume perfekt an das kalte, raue Klima angepasst, denn dort herrscht Wassermangel wie in der Wüste: Entweder ist es im felsig kargen Boden eingefroren, oder es fällt als Schnee. Wasser ist aber ein wichtiger Bestandteil der Photosynthese, bei der Kohlendioxid und Wasser in den Zellstoff Glucose und das «Abfallprodukt» Sauerstoff umgewandelt werden. Nadelbäume gleichen Wassermangel durch ihr immergrünes Dasein aus: Sie können das ganze Jahr über Photosynthese betreiben, im Winter kältebedingt etwas weniger. Koniferen wachsen so bis zu 80 Zentimeter im Jahr, ein Laubbaum wie die Eiche bringt es dagegen gerade mal auf knapp zehn Zentimeter Größenzuwachs jährlich.

Außerdem müssen Bäume gerade im Winter aufpassen, dass sie nicht austrocknen: Kalte Luft ist meist sehr trocken und entzieht den Pflanzen dadurch Feuchtigkeit. Nadelbäume sind darauf angewiesen, mit dem wenigen verfügbaren Wasser hauszuhalten. Aus diesem Grund haben sie, ähnlich wie Kakteen, ihre Blätter zu Nadeln umgewandelt. Deren runde Form verringert die Oberfläche und setzt so die Verdunstung herab. Zusätzlich besteht die äußerste Schicht einer Nadel, die Epidermis, aus besonders dickwandigen Zellen, die das Blatt nach außen mit einer isolierenden Wachsschicht abschließen – ein perfekter Schutz gegen Frostschäden. Um den Wasserverlust weiter zu verringern, liegen die Spaltöffnungen eingesenkt im Nadelinneren. Die winzigen, kaffeebohnenförmigen Spaltöffnungen sind die Lungen eines Baumes, über die er das Kohlendioxid der Luft aufnehmen sowie Sauerstoff und Feuchtigkeit abgeben kann.

Warum haben Asiaten eine andere Augenform als Europäer?

Frage von Nicole G. aus Wittenberg

Genau wie bei den unterschiedlichen Hautfarben oder längeren oder breiteren Nasen bestimmter Menschengruppen handelt es sich bei den verschiedenen Augenformen vermutlich um eine Anpassung an die Umweltbedingungen im jeweiligen Lebensraum.

Wissenschaftler gehen davon aus, dass der moderne Mensch, *Homo sapiens sapiens*, nachdem er aus Afrika gekommen war, die frühere Bevölkerung in Ostasien ersetzte und sich nicht mit ihr vermischte. In der Folge könnte es dann über die Generationen hinweg nicht nur zu einem allmählichen «Ausbleichen» der Haut gekommen sein, sondern auch zu einer Veränderung der Augenform. Über die Ursachen kann aber nur spekuliert werden.

Häufig auftretende Sandstürme könnten ein Grund sein. Vielleicht erwiesen sich kleinere Augenöffnungen dabei als sinnvoller

Schutz. Eine andere Theorie geht davon aus, dass Schnee und Eis die Ursache waren. Dafür gibt es gleich zwei Argumente: zum einen die extreme Kälte, vor der zusammengekniffene Lider die Augen schützen. Zum anderen müssen Menschen, die ständig im Schnee leben, ihre Augen vor dem gleißenden Licht schützen, um nicht schneeblind zu werden. Bergsteiger tragen deshalb Brillen mit einem dünnen Sehschlitz. Vielleicht hat die Natur das Problem also auf ähnliche Weise gelöst: mit schmaleren Augen.

Europäer bzw. «Kaukasier» und Asiaten unterscheiden sich nicht sehr voneinander. Bis auf einen winzigen Teil sind die Gene identisch. Das Erbgut unterscheidet sich sogar innerhalb einer Bevölkerungsgruppe mehr als zwischen einzelnen Bevölkerungsgruppen. Trotz dieser – genetischen – Ähnlichkeit fallen uns äußere Unterschiede sofort ins Auge. Allerdings können wir oft Menschen anderer Hautfarbe oder Augenform nicht gut voneinander unterscheiden. Während wir uns bei Menschen der gleichen Hautfarbe an viele Details im Gesicht erinnern, gelingt uns dies bei andersfarbigen seltener. Hier genügt unserem Gehirn offenbar die Information der Andersartigkeit.

Gibt es farbige Menschen mit blauen Augen?

Frage von Stefan B. aus Forchheim

Jeder Mensch erbt von seinen Eltern das eine oder andere äußerliche Merkmal – auch die Augen- und Hautfarbe. Kann das Kind eines dunkelhäutigen Afrikaners und einer blauäugigen Nordeuropäerin also auch die Hautfarbe des Vaters und die Augen der Mutter mitbekommen? Eine solche Kombination ist tatsächlich möglich, nur kommt sie äußerst selten vor.

Das äußere Erscheinungsbild eines Menschen – die Biologen sprechen vom Phänotyp – ergibt sich aus dem Zusammenspiel der von Vater und Mutter übertragenen Gene. Jeder Mensch besitzt den vollständigen Chromosomensatz beider Eltern. Die X-förmigen Chromosomen – wobei Männer auch über ein Geschlechtschromosom in Y-Form verfügen – bestehen aus verknäuelten DNS-

Fäden (Desoxyribonukleinsäure) und sind die eigentlichen Träger der Erbinformationen. In jedem Zellkern kommt das Gen für die Augenfarbe also doppelt vor, beispielsweise einmal für die braunen Augen des Vaters und einmal für die blauen Augen der Mutter. Bei vielen Merkmalen entscheidet nun die Dominanz des einen Gens über das andere, welcher Phänotyp sich ausbildet. Bei der Augenfarbe ist dies jedoch komplizierter, hier sind drei Gene an der Vererbung beteiligt. Weil die Gene nicht alle an der gleichen Stelle des gleichen Chromosoms liegen und es bei der Reifeteilung der Zellen zur beliebigen Neukombination einzelner Chromosomenteile kommen kann, lässt sich die Farbe der Kinderaugen kaum vorhersagen. Hinzu kommt, dass alle Gene für extrem dunkle Haut und helle, blaue Augen nur selten vollständig im selben Genpool vorhanden sind. Damit sinkt die Wahrscheinlichkeit weiter, dass sich dunkle Haut und blaue Augen gleichzeitig ausprägen. Mischformen wird es häufiger geben, auch weil Gene für dunkle Augen-, Haut- und Haarfarben meist dominant vererbt werden, die «hellen» Gene also unterdrücken.

Blau bleibt dennoch die Grundfarbe aller Augen, viele Säuglinge kommen mit strahlend blauen Augen auf die Welt. Dafür sorgt das Stroma, eine milchige Schicht aus Bindegewebsfasern innerhalb der Regenbogenhaut (Iris). Der Name sagt es schon: Ähnlich wie beim Regenbogen wird einfallendes Licht, besonders dessen kurzwelliger blauer Anteil, im Stroma zerstreut und teilweise wieder aus dem Auge herausgelenkt.

Melanin, ein körpereigenes Pigment, das auch für die dunkle Haut- und Haarfärbung verantwortlich ist, koloriert die Augen zusätzlich. Wie viel Melanin ein Mensch produziert, ist genetisch festgelegt. Wenige Pigmente wirken als Gelbfilter und lassen die Augen grün erscheinen. Steigt die Melaninkonzentration im Lauf der ersten Lebensmonate, verfärben sich die Augen immer mehr ins Braune. Auch der Farbstoff selbst setzt sich bei jedem Menschen unterschiedlich zusammen. So sorgen vermutlich schwankende Kupferanteile für die unüberschaubare Vielfalt an Grün- und Braunschattierungen.

In kalten Klimazonen mit geringer Sonneneinstrahlung sind blaue Augen wesentlich häufiger anzutreffen als in sonnenverwöhnten Erdteilen, wo die dunklen Töne überwiegen. Wie für die

Haut ist auch für die Augen eine zu intensive Sonnenbestrahlung schädlich. Im Süden hat die Evolution die Menschen deshalb mit einem natürlich schützenden Melaninfilter ausgestattet. In sonnenarmen Gebieten ist dies jedoch ein Nachteil, denn die Sonne ist an der Produktion des wichtigen Vitamin D beteiligt. Die Haut etwa von Nordeuropäern muss daher heller sein, um die wenige Sonne optimal ausnutzen zu können. Bei Albinos fehlt das Melanin völlig. Die Haut ist sehr hell, und die Augen sind rot, weil die Blutgefäße der Netzhaut durchschimmern.

Warum haben wir Fingerabdrücke?

Frage von Katja R. aus Koblenz

Fingerabdrücke haben ihren Nutzen nicht nur für Kriminologen. Für Menschen und Affen ist das Relief wichtig, um Gegenstände festhalten zu können. Wie ein Reifenprofil verhindern die Fingerabdrücke, dass beispielsweise ein nasses Glas zwischen den Fingern hindurchgleitet. Auch unter den Füßen sorgen die Rillen für bessere Haftung und verhindern ein Ausrutschen im Schwimmbad.

An den Fingerkuppen sind wir durch das Profil außerdem besonders tastempfindlich. Tastrezeptoren in der Haut sind mit den Erhebungen verbunden. Durch diese kleine Verlängerung aus der Haut heraus kommt es zu einem Verstärkungseffekt. Schon die zarteste Berührung wird dadurch registriert.

Zur Identifikation wurden Fingerabdrücke schon in alten Kulturen genutzt. Archäologen fanden Tontafeln, die die Babylonier um 2200 vor Christus mit Fingerabdrücken signiert hatten; in China und Japan wurden fast 3000 Jahre alte Verträge gefunden, die mit den Rillenmustern bestempelt waren. Doch es dauerte bis zum Ende des 19. Jahrhunderts, bis Kriminalisten sich die Fingerabdrücke zu Nutze machten. Heute, 100 Jahre und zahllose gelöste Fälle später, tauchen bei der Identifizierung über Fingerabdrücke plötzlich Probleme auf: Die Fahnder stellten fest, dass sich Fingerabdrücke entgegen der bisherigen Meinung doch verändern können. Tatsächlich bilden sich im Laufe des Lebens neue, flachere Linien heraus.

Das ursprüngliche, einzigartige Rillenmuster eines Menschen entwickelt sich schon im vierten Schwangerschaftsmonat. Ein Großteil der Anordnung der kleinen Berge und Täler auf Fingern und Handflächen, Zehen und Fußsohlen ist im genetischen Bauplan festgelegt: Eineiige Zwillinge sind sich auch hier durchaus ähnlich. Aber auch eine Reihe von Zufallsfaktoren beeinflussen die entstehende Struktur. So könnten unter anderem die Druckverhältnisse oder die Lage des Embryos im Mutterleib eine Rolle spielen.

Die «Berge» bzw. «Hautleisten» haben einen festen Abstand voneinander. Wachsen Hände und Finger, füllen neue Leisten die Lücken auf.

Auf diesen Zwischenleisten liegen im Gegensatz zu den ursprünglichen Leisten keine Schweißdrüsen. Die Lage dieser Drüsen ist für Kriminalisten ein wichtiges Erkennungsmerkmal von Fingerabdrücken. Dazu kommen Endpunkte von Linien, Gabelungen und Kreuzungen. Außerdem unterscheiden sie, ob die Linien in einem simplen Bogen verlaufen wie bei vielen Afrikanern oder ob sie eine Schleife bilden wie bei den meisten Europäern. Besonders bei Asiaten kommen auch Wirbelmuster vor.

Warum werden wir immer größer?

Frage von Markus-Julius B. aus Limburg

Seit Mitte des 19. Jahrhunderts sammeln Wissenschaftler auf der ganzen Welt Daten, um die Frage nach dem Wachstum zu beantworten. Damals begann in vielen Ländern Europas und in den Vereinigten Staaten die Industrialisierung der Wirtschaft – und gleichzeitig ein offensichtliches Körperwachstum der Bevölkerung. Dass die Menschen immer größer werden, ist seitdem unbestritten und statistisch belegt.

Ein Beispiel: 1880 war ein 14-jähriger deutscher Junge im Durchschnitt 139,1 Zentimeter klein, heute misst er stolze 163,4 Zentimeter – und hat dabei 11 Kilogramm an Gewicht zugelegt. Auch ist er schneller ausgewachsen. 1910 brauchte er noch

26 Jahre, um seine Maximalgröße zu erreichen, heute nur noch 18. Und wenn Ihre Enkel im Jahr 2060 anfangen zu studieren, können Sie mit Recht zu ihnen aufschauen: Die Jungen werden dann im Schnitt 193,3 Zentimeter messen, die Mädchen immerhin 175,6 Zentimeter.

Was den «Goliath-Effekt» ausgelöst hat, darüber streiten sich die Forscher noch. Genetische Veränderungen scheiden als Ursache wohl aus. Zwar geben großwüchsige Eltern ihren Kindern die Anlage zum Riesenwuchs mit, der globale Trend zu mehr Größe lässt sich so aber nicht erklären – damit sich genetische Veränderungen durchsetzen, braucht es weit mehr als hundert Jahre.

Als gesichert gilt, dass der Mensch wesentlich von seinen jeweiligen Umweltbedingungen geformt wird. Vor allem in West- und Nordeuropa sowie den Vereinigten Staaten haben die Industrialisierung und die damit verbundene Verbesserung der Lebensqualität zu einem Wachstumsschub geführt, der bis heute fast unvermindert anhält. Die körperliche Entwicklung der Menschen spiegelt häufig deren Lebensumstände in einer Gesellschaft wider. So hat sich in Norwegen ein Programm zur sozialen Unterstützung allein erziehender Mütter nach nur zwanzig Jahren auf das Geburtsgewicht der Säuglinge ausgewirkt: Sie brachten im Durchschnitt 180 Gramm mehr auf die Waage. Wirklich entscheidend für das gesunde Wachstum eines Menschen sind jedoch die ersten drei bis vier Lebensjahre, in denen Umwelteinflüsse besonders stark wirken. Eine gute sanitäre und medizinische Versorgung vor allem in den Städten senkt das Krankheits- und Infektionsrisiko. Derart unbelastet, können sich Wachstumshormone wie Testosteron im kindlichen Körper frei entfalten.

In Japan hat sich gezeigt, welch große Rolle außerdem die Ernährung spielt. Bis zum Zweiten Weltkrieg war Japan ein Agrarstaat, Hauptnahrungsmittel waren Reis und Fisch. Anfang der fünfziger Jahre wuchs dann nicht nur die japanische Wirtschaft, sondern auch der Durchschnittsjapaner. Der Grund: Mit dem Wohlstand wurde die Ernährung ausgewogener; tierische Eiweiße, Mineralstoffe und Vitamine, die bisher fehlten, konnten in Form von Rindfleisch, Obst und Gemüse importiert werden. Gleichzeitig sank die Arbeitsbelastung – vom Feld ging es ins Büro. Seitdem ist der männliche Durchschnittsjapaner alle zehn Jahre um rund 2,7 Zentimeter gewachsen, von 160 Zentimetern (1950) auf 172 Zentimeter (1995). Gewachsen sind in dieser Zeit allerdings fast ausschließlich die Beine, nicht die Oberkörper. Offenbar reagiert das Beinskelett schneller auf die verbesserten Bedingungen als der mit Organen gefüllte Brustkorb. Hinzu kommt noch der Wegfall einer alten Tradition: Ständiges Knien bei Tisch, wodurch das Beinwachstum erheblich gehemmt wurde. Seitdem in Japan mehr gesessen wird, wachsen die Beine normal.

Eine natürliche Wachstumsgrenze ist erreicht, wenn das Organ- und Kreislaufsystem mit den schnell wachsenden Knochen nicht mehr mithalten kann. Menschen mit Körpergrößen jenseits der 200 Zentimeter haben deshalb häufig Herz-Kreislauf-Probleme.

Schall und Rauch

Was ist Ultraschall?

Frage von Thomas S. aus Trier

Ultraschall ist zunächst einfach Schall, und zwar Schall mit hohen Frequenzen. Eine Ultraschallwelle schwingt 20000- bis wenige Milliarden Mal pro Sekunde hin und her. Für das menschliche Ohr ist dieser Schall nicht mehr wahrnehmbar. Manche Tiere können Ultraschall aber sehr wohl hören, Delfine und Fledermäuse nutzen Ultraschall sogar als Radar und einzelne Fischarten zur Kommunikation.

Am bekanntesten ist Ultraschall allerdings aus der Medizin. Die Ultraschalluntersuchung bei Schwangeren ist Routine. Dabei sendet ein Schallkopf die Wellen aus, die dann das Gewebe durchdringen. An Grenzschichten zweier Gewebearten wird ein Teil des Schalls reflektiert. Wie ein Echo wird der Ultraschall zurück zum Sender geworfen. Dieser fungiert jetzt als Empfänger, registriert das Echo und wandelt es in elektrische Signale um. Diese werden schließlich von einem Computer weiterverarbeitet und als unterschiedliche Grautöne auf einem Monitor dargestellt.

Zwei Probleme gibt es bei dieser Untersuchung: Knochen und Luft. Beide sind ein Hindernis für den Ultraschall. Knochen reflektieren den Schall komplett, sodass dahinter liegendes Gewebe nicht abgebildet werden kann. Und auch Luft wirkt auf die Wellen wie ein Spiegel, denn die medizinischen Geräte wurden speziell dafür entwickelt, Gewebe zu durchdringen. Deshalb wird kurz vor der Untersuchung ein Gel auf die Haut aufgetragen, damit sich kein Luftpolster zwischen Schallkopf und Haut bildet.

Neben der Untersuchung von Schwangeren wird Ultraschall noch für weitere medizinische Untersuchungen eingesetzt. Der Blutfluss im Herzen kann untersucht oder ein Schlaganfall sichtbar gemacht werden. Dabei machen sich die Mediziner den Doppler-Effekt zu Nutze. Diesen Effekt kann man auch bei gewöhnlichen Schallwellen hören: Das Martinshorn eines auf Sie zufahrenden

Krankenwagens klingt höher, als wenn es sich von Ihnen wegbewegt. Bei einer Doppler-Sonographie gibt es denselben Effekt, durch den der Arzt auf Richtung und Geschwindigkeit des Blutflusses schließen kann.

Doch nicht nur in der Medizin wird Ultraschall eingesetzt. Mit Ultraschall können zum Beispiel Kapitäne per Echolot die Tiefe unter ihrem Schiff messen und U-Boot-Kapitäne per Sonar die Umgebung erkunden. Auch zu Land dient Ultraschall der sicheren Navigation: Haben Sie einen Abstandssensor in der Stoßstange Ihres Autos, verbirgt sich dahinter wahrscheinlich Ultraschall.

In Nebelmaschinen und Luftbefeuchtern sorgt Ultraschall für die feine Verteilung der Tröpfchen. Auch Reinigen kann das Multitalent Ultraschall. Optiker und Uhrmacher nutzen ein Ultraschallbad, um kleine Teile von Schmutz zu befreien.

Wie findet ein Anruf das Handy?

Frage von Hannelore U. aus Dalheim

Damit ein Anruf das Handy erreichen kann, steht es in ständigem Kontakt zu einem Computer des Netzbetreibers. Dort meldet es sich in regelmäßigen Abständen. Geht der Kontakt zwischen Netz und Handy einmal vollständig verloren, in einem Funkloch oder weil das Handy ausgeschaltet war, muss sich das Gerät neu einbuchen. Dabei testet es bestimmte Frequenzen und entscheidet sich dann für die Funkzelle, deren Signal es am stärksten empfängt. Bevor das Handy aber Anrufe empfangen kann, müssen eine Menge Daten ausgetauscht werden.

Zunächst muss sich das Gerät ausweisen. Dafür hat jedes Handy eine Ausweisnummer, die in dem Gerät und in einer zentralen Datenbank gespeichert ist. Dort ist vermerkt, ob das Handy zum Telefonieren freigegeben ist oder ob es gesperrt ist, etwa weil es als gestohlen gemeldet wurde. Diese Möglichkeit der Geräte-Identifizierung nutzen aber längst nicht alle Mobilfunkbetreiber. Deshalb können Diebe mit einem gestohlenen Handy telefonieren, indem sie einfach die SIM-Karte austauschen.

Die SIM-Karte, der Chip, den jeder bei Vertragsabschluss bekommt und in sein Handy einlegt, ist eine Art Benutzerausweis. Auf ihm ist unter anderem die weltweit einmalige Benutzernummer gespeichert. Anhand dieser Nummer erkennt der Netzbetreiber, welche Dienste der Kunde benutzen darf und zu welchen Tarifen.

Als Antwort auf die Benutzernummer schickt der Zentralcomputer zwei Nummern zurück: Die eine davon dient von diesem Moment an wie eine Art Spitzname zur Identifizierung des Teilnehmers, die andere enthält Informationen über den Aufenthaltsort des Handys. Beide Nummern werden sowohl im Zentralcomputer als auch auf der SIM-Karte im Handy gespeichert.

Wird nun die Rufnummer des Handys gewählt, so wird zunächst analysiert, in welchem Land es registriert ist. Im jeweiligen Land wird die Anfrage dann an den Computer des Mobilfunk-Netzbetreibers weitergeleitet. Dort wird abgefragt, in welchem Gebiet sich der Handy-Nutzer gerade befindet.

An alle Handys in den in Frage kommenden Funkzellen wird daraufhin eine Nachricht gesendet. Diese enthält die Identifikationsnummer, den «Spitznamen» des Angerufenen. Die Handys vergleichen die gesendete Nummer mit der auf der SIM-Karte gespeicherten. Stimmen die Nummern überein, meldet sich das betreffende Handy. Das Netz weiß jetzt also genau, in welcher Zelle das Handy zu finden ist. Bevor das Gespräch beginnen kann, werden noch einige Sicherheits- und Authentifizierungscodes zwischen Netz und Handy ausgetauscht.

Schließlich bekommt das Handy das Signal zum Klingeln. Wenn der Handy-Nutzer antwortet, schickt sein Gerät einen «Connect»-Code zurück – das Gespräch wird aufgebaut.

Dieses – vereinfachte – Procedere gilt für die herkömmlichen GSM-Netze. Bei den neuen UMTS-Netzen werden noch mehr Daten ausgetauscht. Es gibt dort auch keine festen Zellen mehr, sondern die Zellen sind dynamisch und können ihre Größe der Anzahl der Benutzer anpassen.

Warum klingt die eigene Stimme vom Tonband so fremd?

Frage von Holger M. aus Losheim

Wer zum ersten Mal seine eigene Stimme vom Tonband oder bei der Vorführung des selbst gedrehten Urlaubsvideos hört, fällt fast vom Glauben ab: Wenn man nicht genau wüsste, dass man diesen Text selbst auf das Band gesprochen hat, würde man nicht denken, dass da die eigene Stimme zu hören ist. Das hat wohl jeder schon erlebt. Eigentlich, meinen wir, klingt unsere Stimme doch ganz okay, warum nur klingt sie von einer Aufnahme so anders?

Der Grund liegt darin, dass wir unsere eigene Stimme ganz anders hören als die Stimmen anderer Menschen. In einem Gespräch hören wir Schall von unserem Gegenüber, der von Stimmlippen, Luftröhre, Nasen- und Rachenraum geformt wird. Unsere Ohrmuschel bündelt die Schallwellen, leitet sie auf das Trommelfell, und im Mittelohr geben Hammer, Amboss und Steigbügel die Informationen schließlich an das Innenohr weiter.

Doch Laute, die wir selbst von uns geben, gelangen auf einem anderen Weg in unser Gehör. Sie nehmen eine Abkürzung über die Schädelknochen. Die geraten beim Sprechen in Schwingung und

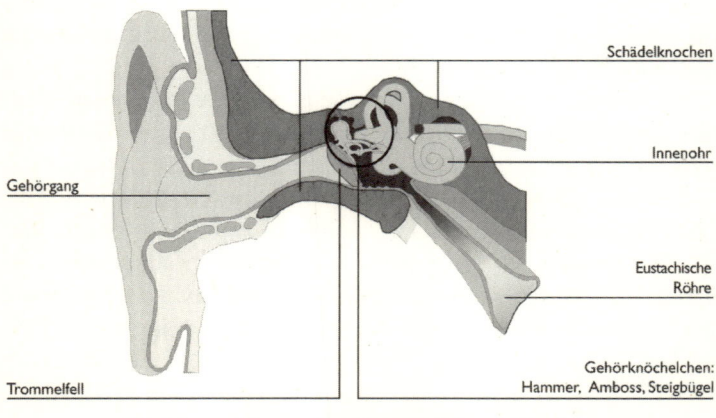

Wir hören nicht nur über Trommelfell und Mittelohr,
sondern auch über die Schädelknochen.

leiten so die Schallwellen auf direktem Weg ins Innenohr. Allerdings sind diese Schallwellen nicht identisch mit denen, die erst noch in Rachen und Nase zurechtgeformt werden. Im Innenohr vermischt sich dann die über den Knochen übertragene Sprache mit den über die Luft und das Mittelohr aufgenommenen Tönen. Beide Übertragungswege haben bei der Wahrnehmung unserer eigenen Stimme etwa den gleichen Anteil. Hören wir also eine Aufnahme, auf der quasi die Hälfte fehlt, nämlich der über den Knochen geleitete Schall, dann kommt uns unsere eigene Stimme fremd vor. Hört man aber, etwa als Radiosprecher oder Sänger, seine eigene aufgezeichnete Stimme häufiger, verschwindet das Phänomen ziemlich schnell.

Warum zischt fast kochendes Wasser erst und ist dann still?

Frage von Elisabeth M. aus Castrop-Rauxel

Wird ein Kochtopf mit kaltem Wasser auf die angeschaltete Herdplatte gestellt, geschieht erst einmal wenig. Denn Wasser lässt sich nur langsam und unter hohem Energieaufwand erhitzen. Außerdem muss die Herdplatte zuerst den Topf anwärmen, bevor sie das Wasser erhitzen kann. Nach zwei bis drei Minuten lassen sich dann einzelne kleine Bläschen am Rand und am Boden des Topfes erkennen. Dabei handelt es sich um Luft, die sich aus dem Wasser löst und sich an kleinen Verunreinigungen im Wasser festsetzt. Weil die Löslichkeit von Luft in Wasser mit zunehmender Temperatur abnimmt, wachsen die Blasen weiter, bis sie an die Oberfläche schweben und dort mit einem leisen «plopp» zerplatzen. Je größer die Blase, desto lauter das Geräusch. Weil die vielen Blasen die Oberfläche aber zu verschiedenen Momenten erreichen, summieren sich die einzelnen Töne zu einem gleichmäßigen Rauschen. Befände sich destilliertes Wasser im Topf, ließe sich dieser Effekt nicht beobachten: Es ist keimfrei und enthält so gut wie keine Luft.

Ab einer Wassertemperatur von etwa 70 Grad Celsius wird das

Rauschen deutlich lauter, am Gefäßboden entstehen nun immer größere Blasen. Sie enthalten allerdings keine Luft mehr, sondern Wasserdampf. Er entsteht, weil das Wasser direkt über der heißen Bodenplatte des Topfes bereits zu sieden beginnt. Doch keine dieser Dampfblasen erreicht die Oberfläche. Beim Aufstieg in die höher gelegenen, noch relativ kalten Wasserschichten verflüssigt sich der Wasserdampf wieder. Bei dieser Implosion schrumpft das Blasenvolumen schlagartig mit einem kleinen Knall. Die zusammenfallenden Blasen sowie die steigende Eigenbewegung der Wassermoleküle mischen das Wasser nun ordentlich durch, sodass sich die Wärme gleichmäßig verteilen kann. Kurz vor dem Siedepunkt wird es plötzlich still im Kochtopf: Immer größere und zahlreichere Blasen erreichen nun unbeschadet die Wasseroberfläche, ohne vorher zu implodieren. Die Wasseroberfläche fängt langsam an aufzuwallen und fördert einen tiefen Ton zu Tage. Die ersten Wasserdampfwolken sind zu sehen. Endlich beträgt die Temperatur des gesamten Wassers 100 Grad. Heißer wird es unter normalem Luftdruck nicht. Die gesamte Energie wird jetzt darauf verwendet, die Flüssigkeit zu verdampfen.

Wie verständigen sich Fische?

Frage von Karl M. aus Riede

Die über 20000 bekannten Fischarten stehen über verschiedene Sinne in Kontakt mit ihrer Umwelt: Sie sehen, hören, schmecken, riechen und tasten.

Darüber hinaus verfügt jede Fischart über eigene Laute, um Partner zu werben, Artgenossen zu warnen oder sich gegen Feinde zu wehren. Einige Arten erzeugen Töne, indem sie mit ihren Zähnen knirschen oder ihre Flossen aneinander reiben. Solche Töne sind sehr leise und liegen in einem niedrigen Frequenzbereich – für den Menschen sind sie nur mit speziellen Mikrofonen zu hören.

Die Männchen der Bootsmannfische sind beispielsweise als ausdauernde Sänger bekannt. Mit ihren Liebesliedern versuchen sie, ihre künftige Partnerin ins vorbereitete Nest zu locken. Dabei nutzt

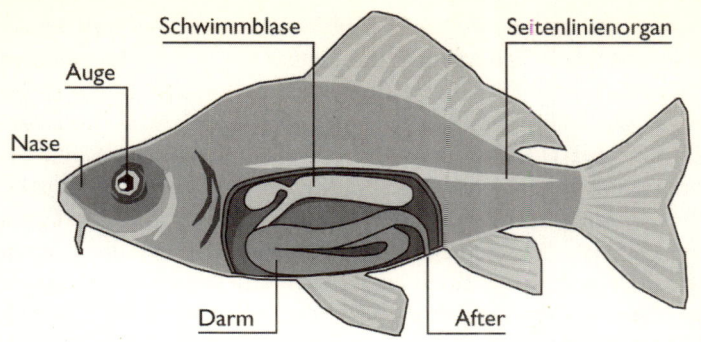

Manche Fische können sogar über ihren Darmausgang kommunizieren.

das Männchen einen Teil seiner Schwimmblase als Resonanzkör-
per, um seine Darbietungen akustisch zu verstärken.

Weit verbreitet im Reich der Fische ist auch das «Sprechen»
durch den Darmausgang. Heringe pressen dazu aus ihrer
Schwimmblase Luft in den Darm und erzeugen so ein pupsähnli-
ches Geräusch. Knapp acht Sekunden kann solch eine Mitteilung
dauern, das Tonspektrum umfasst dabei immerhin drei Oktaven.
Genutzt wird dies vor allem bei Verständigung im Dunkeln, wenn
die ohnehin schwachen Augen keine Orientierung mehr zulassen.

Garnelen und Krebse sind dagegen wirklich «stumm wie ein
Fisch». Sie können Laute nur indirekt bilden, indem sie an ihren
Scherenspitzen kleine Luftbläschen erzeugen und diese durch Zu-
schnappen zerplatzen lassen.

Geräusche sind für Meeresbewohner das ideale Kommunikationsmittel, da sich der Schall im Wasser etwa viereinhalbmal
schneller ausbreitet als in der Luft. Das machen sich außer den Fischen auch Säugetiere wie Wale und Delfine zu Nutze. Mit Gesän-
gen, Pfiffen und Knarzlauten suchen sie wie mit einem Sonargerät
nach Nahrung oder Orientierung und verständigen sich so über
Distanzen von vielen hundert Kilometern. Der lauteste Meeresbewohner ist dabei der Finnwal. Seine niederfrequenten, für den
Menschen unhörbaren Rufe erreichen Lautstärken bis zu 188 Dezibel – ein Düsenjet schafft gerade mal 140 Dezibel.

Fische kommunizieren aber nicht nur über Geräusche: Zitter-
hechte nutzen elektrische Impulse, und dank spezieller Pigmente

können Tintenfische die Farbe und Musterung ihrer Haut verändern und so Informationen übermitteln. Viele Fische besitzen außerdem an der Körperseite ein Seitenlinienorgan – so etwas wie ihr sechster Sinn. Das Seitenlinienorgan hat eingelagerte Sinneshärchen, die auf Druckreize wie Schallwellen, Strömungen und Erschütterungen reagieren. Die Sinneszellen ermöglichen es den Fischen, in Schwärmen zu schwimmen, ohne sich zu berühren. Dabei reicht es aus, wenn ein Fisch die Richtung ändert, um alle anderen mitzuziehen. Wie es allerdings möglich ist, dass dies völlig synchron und im Bruchteil einer Sekunde geschieht, darüber rätseln die Forscher noch.

Wie bildet der Mensch Töne?

Frage von Klara H. aus Mainz

Das Repertoire der menschlichen Stimme ist unermesslich groß. Es reicht vom quengelnden Babygeschrei bis zur klangvollen Opernstimme, sie kann laut und leise werden, hoch oder tief klingen, Gefühle und Stimmungen vermitteln.

Töne entstehen in zwei Schritten: Erst bilden die Stimmlippen im Kehlkopf den Grundton, dann erzeugen Mund, Nase, Zunge und Rachen im Zusammenspiel den individuellen Klang.

Dort, wo sich im Hals Speise- und Luftröhre trennen, liegt der Kehlkopf. Er enthält die Stimmlippen, die sich wie ein zweigeteiltes Verdeck über die Luftröhre spannen. Zwischen den Lippen liegt die Stimmritze, die bei normaler Atmung etwa einen halben und bei heftiger Atmung bis 1,5 Zentimeter weit geöffnet ist. Erst beim Sprechen schließt sich die Stimmritze fast völlig. Aus der Lunge strömende Luft drückt nun von unten gegen die Lippen. Ist der Druck groß genug, öffnen sie sich ein wenig, und die Luft entweicht. Sofort bildet sich am Rand der Stimmritze ein Unterdruck, der die Stimmlippen wieder zuklappen lässt. Von der Lunge her baut sich erneut Druck auf. Ist er groß genug, beginnt alles von vorn.

Beim Sprechen vibrieren die Stimmlippen wie die Saiten einer

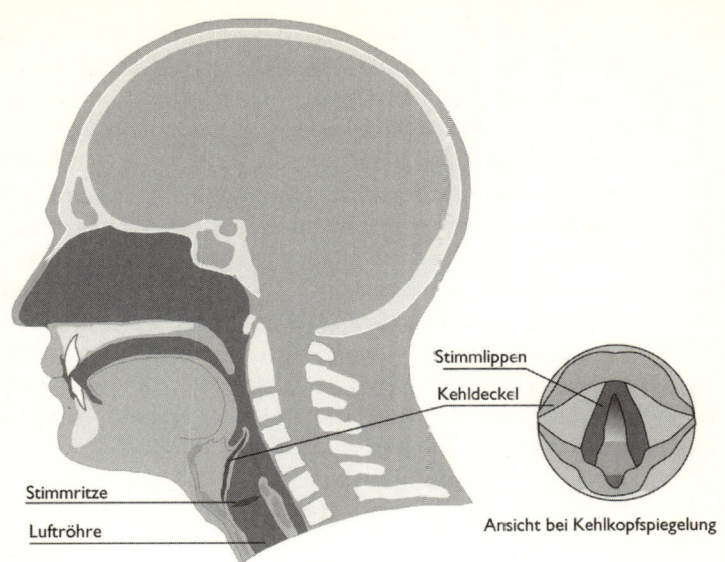

Stimmlippen

Kehldeckel

Stimmritze

Luftröhre

Ansicht bei Kehlkopfspiegelung

Klangwunder Mensch: Schwingende Stimmlippen sorgen
für den richtigen Ton.

Geige. Dabei bilden sich Luftstöße hohen Drucks, die sich mit solchen niedrigen Drucks abwechseln – Schallwellen entstehen. Für
die Erzeugung eines Tons muss sich das Ganze allerdings mehrere
100-mal in der Sekunde wiederholen. Um etwa den Kammerton
«a» zu treffen – bekannt als Freizeichen im Telefon – müssen die
Stimmlippen 440-mal pro Sekunde schwingen, für das berühmte
«hohe c» der Sopranstimme gar 1047-mal. Um einen hohen Ton zu
formen, müssen sich die Stimmlippen also besonders schnell öffnen
und wieder schließen. Dazu werden sie mit Hilfe der seitlich angebrachten Stimmbänder angespannt. Bei tieferen Tönen werden die
Stimmlippen eher entspannt gehalten. Auch die Länge der Stimmlippen spielt eine Rolle. Männer haben tiefe Stimmen, weil ihre
Stimmlippen länger und dicker sind als die der Frauen. Bei Kindern
ist der Kehlkopf generell kleiner, ihre Stimmen sind entsprechend
hoch. In der Pubertät erfährt der Kehlkopf einen Wachstumsschub.
Bei Jungen wachsen die Stimmlippen um fast einen Zentimeter, der
«Adamsapfel» entsteht, und die Stimmlage sinkt um fast eine Ok-

tave. Dabei wachsen die Lippenhälften nicht immer gleich schnell. Ihre unterschiedliche Länge produziert dann die bekannten schiefen und sich brechenden Quietschtöne während des Stimmbruchs. Bei Mädchen bleibt der Stimmwechsel wegen des geringen Kehlkopfwachstums meist unbeachtet.

Doch ein Ton allein macht noch keine Musik. Was noch fehlt, ist die Klangbildung, mit der wir Ärger, Freude oder Trauer in unsere Worte legen. Dafür sind Obertöne verantwortlich. Beim Menschen formen Mund, Nase, Zunge und Rachen einen großen Klangkörper, mit dem Obertöne nach Wunsch und Laune geformt werden können. Weil jeder Mund- und Rachenraum verschieden ist, bildet jeder Mensch ganz unverwechselbare Obertöne. Diese hohen Töne ergänzen dann die Grundtöne der Stimmlippen und sorgen für den individuellen Klang einer Stimme.

Saft und Kraft

Was ist eine Brennstoffzelle?

Frage von Matthias H. aus Ramsau

Der französische Schriftsteller und Visionär Jules Verne schreibt in seinem 1874 erschienenen Abenteuerroman *Die geheimnisvolle Insel*: «Ich glaube, dass eines Tages Wasserstoff und Sauerstoff, aus denen sich Wasser zusammensetzt, allein oder zusammen verwendet, eine unerschöpfliche Quelle von Wärme und Licht bilden werden.» So prophetisch dieser Satz auch klingt, das Prinzip der Energiegewinnung aus den Elementen des Wassers war zu Vernes Zeiten schon ein alter Hut. Bereits 1839 entwickelte der britische Physiker William Grove den Prototypen aller heutigen Brennstoffzellen, doch blieb seine Entdeckung lange Zeit unbeachtet.

Wie eine Brennstoffzelle funktioniert, veranschaulicht der Knallgasversuch: Dabei wird ein Gasgemisch aus Sauerstoff und Wasserstoff entzündet, wodurch explosionsartig Energie in Form von Wärme frei wird – als Endprodukt entsteht reiner Wasserdampf. In der Brennstoffzelle läuft die gleiche Reaktion ab, wenn auch kontrolliert. Ihr Aufbau ähnelt dem einer gewöhnlichen Batterie (siehe Grafik).

Der einen Elektrode wird gasförmiger Sauerstoff zugeführt, der anderen die doppelte Menge Wasserstoff. Um eine Durchmischung der beiden Gase zu verhindern, werden sie durch eine Membran voneinander getrennt. Diese, meist aus Kunststoff, ist für die Gase undurchlässig, denn sie leitet nur geladene Teilchen (Ionen). Erst jetzt kann es zur eigentlichen Erzeugung von elektrischer Energie kommen: Ein reaktionsfördernder Katalysator spaltet die Wasserstoffmoleküle an der Elektrode in zwei einzelne Wasserstoffatome auf. Jedes Atom gibt dabei ein negativ geladenes Elektron ab, die zurückbleibenden Wasserstoffionen sind positiv geladen. Die frei gewordenen Elektronen wandern nun über einen elektrischen Leiter zur Sauerstoffseite. Unterwegs können sie beispielsweise über den Elektromotor eines Autos umgeleitet werden – es fließt Strom.

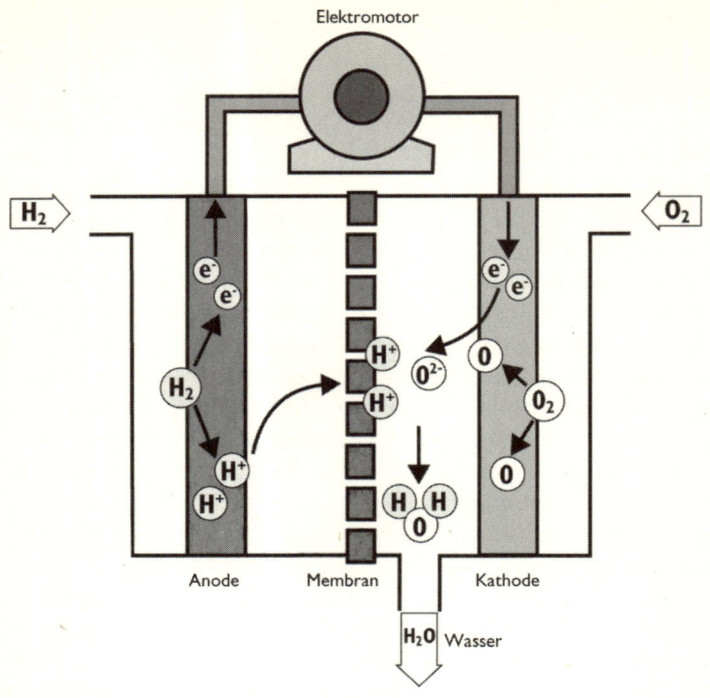

An der Sauerstoffelektrode teilen sich die Sauerstoffmoleküle ebenfalls in zwei Atome, die dann jeweils zwei der ankommenden Elektronen aufnehmen können. Derweil wandern die positiven Wasserstoffionen durch die Membran zur Sauerstoffseite, wo sie sich mit dem negativ geladenen Sauerstoff zu reinem Wasser verbinden.

Die Brennstoffzelle wandelt die im Wasserstoff gebundene chemische Energie also direkt in elektrische Energie um. Diese Energiefreisetzung findet – im Gegensatz zur Knallgasreaktion – kontrolliert und bei geringer Temperatur statt. Der Vorgang heißt deshalb auch «kalte Verbrennung». Die Brennstoffzellen erreichen Wirkungsgrade von bis zu 90 Prozent. Zum Vergleich: Ein herkömmlicher Pkw-Motor setzt gerade einmal 30 Prozent der ursprünglich eingesetzten Energie in Arbeit um. Damit Brennstoffzellen langfristig die fossilen Energieträger Öl und Kohle ersetzen können, wird aber eine ganze Wasserstoffindustrie mit einem engen Tankstellennetz benötigt. Die Sauerstoffversorgung hingegen ist kein Problem, Sauerstoff kann der Luft entnommen werden.

Der Wasserstoff wird derzeit hauptsächlich aus fossilen Energieträgern wie Erdgas (Methan) oder Methanol (ein Alkohol) gewonnen. Ideal und wirklich ökologisch sinnvoll wäre aber die direkte Wasserstoffgewinnung aus Wasser. Als Rohstoff ist Wasser preiswert und auf der Erde in praktisch unbegrenzter Menge verfügbar. Brennstoffzellen können in allen denkbaren Größen und Leistungsstärken hergestellt werden, von der Handy-Batterie bis zum Blockheizkraftwerk. Für den Massenmarkt ist die Technik wegen der fehlenden Infrastruktur allerdings noch zu teuer. Die Lagerung und der Transport von Wasserstoff sind aufwändig und technisch bislang nicht gelöst. Es wird also noch etwas dauern, bis die Vision von Jules Verne Wirklichkeit wird.

Wie funktionieren Wärmekissen, die bei Druck warm werden?

Frage von Alexander H. aus Schildow

Das Wärmekissen ist eine wahre Wunderwaffe im Kampf gegen kalte Hände. Dabei handelt es sich um ein Kunststoffpaket, etwa so groß wie eine Zigarettenschachtel und gefüllt mit einer gelähnlichen Flüssigkeit. In dem Gel schwimmt ein gewölbtes, etwa münzgroßes Metallplättchen. Etwas Druck auf das Metallplättchen genügt, und das Gel verfestigt sich und spendet klammen Fingern angenehme Wärme. Gibt das Wärmekissen keine Wärme mehr ab, wird der Inhalt des Kissens in kochendem Wasser wieder verflüssigt. Derartig aufgeladen, kann das Kissen tagelang, bis zum nächsten Einsatz, liegen bleiben. So einfach diese praktische Taschenheizung in ihrer Bedienung ist, so geheimnisvoll ist ihre Funktionsweise.

Die meisten Stoffe kennen drei Zustandsformen: fest, flüssig und gasförmig. In welcher Form ein Stoff vorliegt, hängt hauptsächlich von seiner Temperatur ab. So bildet Wasser bei tiefen

Temperaturen festes Eis, bei mittleren Temperaturen ist es flüssig, und bei hohen Temperaturen geht es in gasförmigen Wasserdampf über. Um Eis zu schmelzen, ist die Zufuhr von Wärmeenergie nötig, die dann im flüssigen Wasser gespeichert bleibt. Gefriert das Wasser, gibt es die gleiche Menge Energie als Erstarrungswärme wieder an die Umgebung ab. Wasser kann also unter Veränderung seines Aggregatzustandes Energie speichern und abgeben.

Und so ähnlich funktionieren auch die wundersamen Wärmekissen. Sie enthalten neben einer geringen Menge Wasser vor allem Natriumacetat, ein Salzhydrat. Der Zusatz «Hydrat» bedeutet, dass die Salzionen zusätzlich an Wassermoleküle angebunden sind. Im ungelösten Zustand halten die Salzmoleküle fest zusammen und bilden ein starres Kristallgitter. Legt man den harten Beutel nun in aufkochendes Wasser, beginnt die Kristallstruktur ab etwa 60 Grad Celsius aufzubrechen, und das Salz löst sich im Wasser. Der Inhalt des Kissens verflüssigt sich. Die dafür gebrauchte Energie, auch latente Wärme genannt, bleibt im Salzwassermix gespeichert. Lässt man das Kissen nun wieder unter die Schmelzgrenze von 60 Grad abkühlen, müsste es eigentlich wieder in seine kristalline Form zurückkehren und dabei die latente Wärme abgeben – tut es aber nicht. Das verflüssigte Natriumacetat bildet eine unterkühlte Schmelze. So werden Flüssigkeiten genannt, die weit unter ihre eigentliche Erstarrungstemperatur abgekühlt werden können. Dieser Erstarrungsverzug gelingt nur, wenn der gelöste Stoff chemisch extrem rein ist und sich in einem Behältnis mit glatten Innenwänden befindet. Beides ist im Fall des Wärmekissens gegeben.

Die Salz-Wasser-Moleküle in der unterkühlten Lösung sind metastabil, sie warten nur darauf, sich wieder zum festen Kristallgitter zusammenzuschließen. Von alleine können sie das aber nicht, sie brauchen einen Kristallisationskeim, an dem sich ein erstes Molekül gleichsam festhaken kann und so die lawinenartige Kristallbildung auslöst. Nun kommt das Metallplättchen ins Spiel: Mit jedem Knicken bilden sich an der Oberfläche immer wieder frische, kristalline Haarrisse. Hier können sich die freien Ionen anlagern und so die Salzerstarrung auslösen. Erst jetzt wird die gespeicherte latente Wärme freigesetzt. Die unterkühlte Lösung erwärmt sich, bis sie ihre Erstarrungs- beziehungsweise Schmelztemperatur von 60 Grad erreicht hat. Diese Kristallisationshitze können wir nun nutzen, um unsere Hände aufzutauen. Weil sich das gelöste Natriumacetat nur langsam in seine Gitterstruktur zurückverwandelt, kann der Heizungseffekt bis zu 25 Minuten andauern. Danach ist das Salzgel im Wärmekissen wieder vollständig fest und energetisch entladen. Mit einem neuerlichen Bad in kochendem Wasser beginnt der Vorgang von vorne.

Wie misst man Kalorien?

Frage von Vanessa H. aus Berlin

«100 g enthalten 241 kcal», steht auf der Tiefkühlpizza-Verpackung. Doch wie kommen die Entwickler neuer Lebensmittelprodukte auf diese Angaben?

Das Wort «Brennwert» auf den Verpackungen liefert hierzu einen wichtigen Hinweis: Die Pizza oder andere Nahrung wird tatsächlich verbrannt, und zwar vollständig, sodass nur noch Kohlendioxid, Wasser und Stickoxide zurückbleiben. Das passiert in einem Bombenkalorimeter. Die Bombe ist ein abgedichtetes Gefäß, in das die Lebensmittel hineingegeben werden. Die Luft in der Bombe wird durch reinen Sauerstoff ersetzt. Die Bombe befindet sich in einem nach außen isolierten Behälter mit Wasser, dessen Temperatur gemessen wird. Wird nun die Verbrennung in der Bombe mittels einer Zündschnur in Gang gebracht, so geht die entstandene Wärme in das Wasser über, und das Thermometer zeigt die Temperaturveränderung an. Durch die Temperaturerhöhung des Wassers lässt sich ermitteln, wie viel Energie in der Nahrung enthalten war.

Über die Energie ist die Kalorie definiert: Eine Kalorie ist die Energie, die nötig ist, um ein Gramm Wasser um ein Grad zu erwärmen. Die Kalorie (cal) oder Kilokalorie (kcal=1000 cal) ist eigentlich eine veraltete Einheit. Seit 1978 wird Energie offiziell in Joule (J) gemessen. Eine Kalorie entspricht 4,1868 Joule. Bei Lebensmitteln hat sich die Einheit kcal hartnäckig gehalten, daneben findet man aber auch die Angaben in kJ.

Zurück zum Bombenkalorimeter. Mit diesem und ähnlichen – auch elektronischen – Messverfahren lässt sich der physikalische Brennwert bestimmen, welcher sich vom physiologischen Brennwert unterscheiden kann. Will heißen: Es ist nicht gesagt, dass der menschliche Körper die gesamte in der Nahrung enthaltene Energie auch aufnimmt.

Bei Zucker ist das der Fall. Dieser wird zwar komplett vom Körper aufgenommen und verwertet, aber nicht, wie im Kalorimeter, auf einmal verbrannt. Stattdessen wird er vom Stoffwechsel in vielen einzelnen Reaktionsschritten mit vielen nützlichen Zwischenprodukten letztlich zu Wasser und Kohlendioxid abgebaut. Dabei entsteht die wichtige Substanz ATP (Adenosintriphosphat), die unser Körper als Energiespeicher nutzt. Von dieser Substanz produzieren und verbrauchen wir jeden Tag etwa so viel, wie unser eigener Körper wiegt. Fazit: Mit dem Zucker passiert in unserem Körper etwas ganz anderes als im Kalorimeter.

Ein anderes Beispiel sind Eiweiße. Während sie im Kalorimeter komplett verbrannt werden, kann unser Körper sie nicht vollständig abbauen: Auch unsere Ausscheidungen enthalten noch Energie.

Auf Lebensmittelverpackungen wird deshalb nicht der physikalische, sondern der physiologische Brennwert angegeben. Dieser ist bereits für viele Nahrungsbestandteile gemessen worden. Aus Tabellen wie dem deutschen Bundeslebensmittelschlüssel müssen die Hersteller dann nur noch den Energiegehalt der Bestandteile heraussuchen und addieren.

Besonders groß ist der Unterschied zwischen physikalischem und physiologischem Brennwert bei Diät-Lebensmitteln. Der Trick: Zucker wird durch ähnlich schmeckende Süßstoffe ersetzt. Deren physikalischer Brennwert kann höher sein als der von Zucker, aber weil der Körper die Süßstoffe nur teilweise oder gar nicht abbauen kann, ist ihr physiologischer Brennwert deutlich niedriger. Gar keinen Brennwert – also keine Kalorien – haben Wasser, Salz und Kohlensäure.

Wie kommt das Wasser in die Blätter?

Frage von Christoph R. aus Eschenburg

Jede Pflanze muss es irgendwie schaffen, die Schwerkraft zu überwinden, denn sonst könnte sie keine Nährstoffe und kein Wasser aus dem Boden in Äste, Zweige und Blätter ziehen. Bekanntlich haben Pflanzen kein Herz oder eine andere Pumpe, die die Flüssigkeit bewegt. Wie sie es trotzdem schaffen, Wasser zu transportieren, das erforschen Wissenschaftler seit Jahrhunderten. Und immer noch gibt es keine eindeutige und unumstrittene Erklärung für dieses Phänomen, auch wenn es in manchen Schulbüchern so scheint. Die Erklärung hier ist ein Anfang – die Wirklichkeit wesentlich komplizierter.

«Kohäsionstheorie» – unter diesem Begriff lernen viele Schüler heute etwas über den Wassertransport in Pflanzen: Bäume schwitzen, das heißt, an winzigen Spaltöffnungen an den Blättern verdunstet Wasser. Durch die fehlende Flüssigkeit entsteht im Innern der Pflanze ein Unterdruck, der Transpirationssog, und durch die Leitungsbahnen strömt Wasser nach.

Aber was ist, wenn im Frühjahr noch gar keine Blätter vorhanden sind? Und wie funktioniert der Nährstofftransport, wenn zum Beispiel in den Tropen bei 100 Prozent Luftfeuchtigkeit kein Wasser an den Blättern verdunsten kann? Was passiert, wenn der Wasserfaden bei starkem Unterdruck einmal abreißt und die Wasserleitung durch Gas in der Leitungsbahn unterbrochen wird? Das sind Fragen, auf die die Wissenschaft noch keine Antworten gefunden hat.

Manches lässt sich durch den «Wurzeldruck» erklären: Der Wurzeldruck entsteht durch das Prinzip der Osmose, das heißt, hohe Konzentrationen ziehen Wasser nach. Die Zellen der Wurzel nehmen Salz aus dem Boden auf und reichern so Salz in den Leitungsbahnen an. Wasser fließt aus dem Boden nach und kann auf diese Weise in den Leitungsbahnen aufsteigen. Sichtbar wird der Wurzeldruck im Frühjahr an einem frisch abgeschnittenen Stumpf, aus dem Flüssigkeit austritt. Nach Meinung vieler Forscher wirkt er aber nur bis zu einer Höhe von wenigen Metern, vielleicht sogar nur Dezimetern.

85

Ob ein ähnlicher Prozess auch in größeren Höhen für den Wassertransport sorgt, darüber streiten sich die Pflanzen-Physiologen noch. Gerade im Frühjahr scheint aber ein solch osmotischer Mechanismus eine wichtige Rolle zu spielen. Zu dieser Jahreszeit muss in der hohen Baumkrone Wasser für frische Blätter sorgen. Einige Wissenschaftler gehen daher davon aus, dass Baumzellen dort Zucker in hohen Konzentrationen in die Leitungsbahnen speisen, den sie den Winter über gespeichert haben. Das nachfließende Wasser sorgt dann dafür, dass aus winzigen Knospen die neuen Blätter entstehen können. Erst wenn über die Blätter Wasser verdunstet, kann die Kohäsionstheorie wieder zur Erklärung der Wasserversorgung herangezogen werden.

Hilfreich ist hierbei der so genannte Kapillareffekt: Je dünner ein Schlauch – beispielsweise ein Trinkhalm –, desto leichter kann das Wasser in ihm emporsteigen. Die Leitgefäße von Pflanzen sind daher sehr dünn. Endlos dünn können aber die Gefäße nicht sein, und endlos groß können der Transpirationssog und der osmotische Wurzeldruck ebenfalls nicht sein – Wissenschaftler gehen daher davon aus, dass Bäume nicht größer als 130 Meter werden können.

Osmotischer Druck und der Unterdruck durch Verdunstung sind also offenbar die Hauptmotoren für den Wassertransport in Pflanzen. Doch die Wissenschaftler forschen weiter und stoßen dabei auf Transporthelfer. Gerade hohe Bäume und mehrjährige Pflanzen, die widrigen Lebensumständen ausgesetzt sind, verfügen über mehrere Tricks, um den Wassertransport auch in Krisensituationen sicherzustellen. Je nach Situation bedienen sie sich unterschiedlicher Hilfsmittel. So beschichten sie beispielsweise die Wände der Leitungsbahnen mit Schleimstoffen, die dafür sorgen, dass das Wasser besser an ihnen haftet und sogar an Luftblasen vorbeigeleitet werden kann. So schafft es auch eine afrikanische Auferstehungspflanze, die eingetrocknet ist, innerhalb eines Regentages wieder im grünen Blätterkleid zu stehen.

Wie viel können Ameisen tragen?

Frage von Josef P. aus Regensburg

«Geh zur Ameise, du Fauler, betrachte ihr Verhalten und werde weise!» Diesen Vers aus dem Buch der Sprichwörter im Alten Testament scheinen sich viele Wissenschaftler zu Herzen genommen haben. Ameisen, könnte man meinen, sind die Lieblingsinsekten von Forschern.

Immer wieder faszinieren die Verhaltensweisen der Winzlinge, und einige der Erkenntnisse über die Ameisen versucht der Mensch sich nutzbar zu machen. Dabei steht nicht so sehr die einzelne Ameise im Mittelpunkt des Interesses, sondern das Verhalten des ganzen Staates. So nutzen Informatiker die Strategie der Ameisen, immer den kürzesten Weg zu finden für einen effizienteren Versand von Datenpaketen im Internet. Nach dem gleichen Prinzip lassen sich auch Produktionsabläufe in der Industrie straffen. Andere Wissenschaftler übertragen das Schwarmverhalten der Ameisen auf Roboter, die dann selbständig ein gemeinsames Ziel verfolgen sollen. So wird aus mehreren dummen Robotern eine sich intelligent verhaltende Gruppe. Sogar Wirtschaftsbosse sollen von Ameisen noch etwas lernen können. In Seminaren geben Ameisenforscher ihnen Millionen Jahre alte Rezepte zum Bilden von Netzwerken oder Tipps fürs Krisenmanagement.

Mit solchen sozialen Fragen beschäftigen sich unzählige Ameisenforscher. Die Frage nach der «Nutzlast» einer Ameise beantworten sie dagegen mit einem Schulterzucken und Zahlenangaben wie «das 30fache ihres Körpergewichts» oder auch «das 300fache ihres Körpergewichts». Zwei Schüler aus Limburg wollten sich damit nicht zufrieden geben. In einem «Jugend-forscht»-Projekt haben sie nun eine konkrete Antwort auf diese Frage geliefert. In freier Natur beobachteten sie, wie Ameisen das Zehnfache ihres Körpergewichts mit den Mandibeln (Kiefern) tragen konnten. Hinter sich herschleppen konnten sie sogar das 18fache ihres Körpergewichts. Im Labor schaffte es die stärkste Ameise, bei nur neun Milligramm Körpergewicht 353 Milligramm zu tragen – Faktor 40!

Zum Vergleich: Um da mithalten zu können, müsste der erfolgreichste deutsche Gewichtheber Ronny Weller angesichts seines Körpergewichts von rund 150 Kilogramm etwa sechs Tonnen stemmen. Mit diesem Gewicht eines Straßenbahnwagens auf den Schultern hätte er im Labor der beiden Schüler 50 Meter weit laufen müssen.

Die Jungforscher haben zwar nur eine einheimische Art untersucht, aber die Größenordnung dürfte in etwa auf alle Ameisenarten zutreffen – auch auf die tropische Riesenameise Paraponera, die beängstigende drei Zentimeter groß werden kann. Denn mehr Körpergröße heißt nicht unbedingt mehr Kraft zum Tragen von Lasten. Im Gegenteil: Wer größer ist, muss auch mehr Muskeln einsetzen, um das eigene Körpergewicht zu tragen. Und dieses Eigengewicht steigt mit der Körpergröße überproportional schnell an, während die Muskelkraft nur leicht zunimmt. So ist es möglich, dass ein Floh höher springen kann als ein Elefant. Besonders stark sind Ameisen also gar nicht. Man vermutet, dass auch andere Insekten ähnlich große Lasten tragen könnten – nur sehen sie keine Veranlassung dazu. Selbst Ameisen rackern sich jedoch nicht pausenlos ab. Sie arbeiten nur etwa ein Viertel der Zeit und sind keineswegs so fleißig wie mancherorts behauptet.

Warum schlafen viele Vögel auf einem Bein?

Frage von Hellmut S. aus Mainz

Vögel sind, was die Körperbeherrschung betrifft, den meisten anderen Tieren überlegen. Nicht nur, dass sie völlig frei durch die Lüfte schweben können, sie können auch im Stehen schlafen – und das auf nur einem Bein.

Die bekanntesten Vertreter dieser sonderbaren Schlafweise, welche uns Menschen zugleich äußerst unbequem anmutet, sind die rosaroten Flamingos.

Wie der Mensch besitzt auch der Vogel exponierte Körperteile, die bei kalten Temperaturen besonders schnell auskühlen; beim Vogel sind das der Kopf und die nackten Beine. Sie kennen sicher die Situation, wenn Ihre Finger im Winter zu Eiszapfen werden.

Um sich aufzuwärmen, stecken Sie sich die Arme beispielsweise unter die Achseln, dahin, wo es warm ist. Genau das Gleiche erreichen Flamingos mit dem Einfahren eines Beins – sie wärmen es. In ihrem Lebensraum, den seichten Küstenlagunen, weht ein starker, frischer Wind. Flamingos müssen mit ihren extrem langen Beinen zudem ständig im Wasser stehen, nur dort finden sie genügend Nahrung. Wind und Wasser sorgen dafür, dass der rosafarbene Vogel viel Wärme verliert. Als Gegenmaßnahme steckt er dann den Kopf unter seinen Flügel und zieht ein Bein in sein schützendes Bauchgefieder zurück.

Um das Einknicken des Standbeins zu verhindern, wird das untere Beingelenk, das nicht mit dem darüber sitzenden Knie zu verwechseln ist, durchgedrückt. Auch der Mensch kann auf einem Bein stehen, allerdings nicht so ausdauernd – und schon gar nicht schlafend. Hier hilft den Vögeln die besondere Anatomie ihrer Beinmuskulatur. Anders als der Mensch braucht der Vogel keine Kraft, um auf einem Bein zu stehen – oder auch um sich an einem Ast festzukrallen. Dafür sorgt eine spezielle Beugesehne des Vogelbeins. Die verläuft vom Ober- und Unterschenkel über das untere Beingelenk, um den Knöchel herum bis zur Unterseite der Zehen. Landet der Vogel auf einem Ast, wird das Gelenk durch das Körpergewicht gebeugt, was bei vielen Arten zu der typisch «lauernden» Sitzposition führt. Gleichzeitig zieht die gespannte Sehne die Zehen zusammen, und der Vogel sitzt fest wie eine Wäscheklammer. Das Ganze funktioniert auch im Schlaf und kostet den Vogel keine Energie.

Warum bekommen Tiere im Winterschlaf keine Thrombosen?

Frage von Christine Z. aus Esslingen

Mit dem verlangsamten Stoffwechsel während der Winterstarre – ein Schlaf ist es eigentlich nicht – fließt auch das Blut in den Adern langsamer. Bei arktischen Zieseln, deren Körpertemperatur während der Ruhezeit sogar unter den Gefrierpunkt sinken kann, wird das Blut sehr dickflüssig und bewegt sich kaum noch. Damit die Adern nicht verstopfen und keine Thrombosen entstehen, bilden Tiere während des Winterschlafs gerinnungshemmende Substanzen. Wie ein Frostschutzmittel sorgen sie dafür, dass das Blut nicht verklumpt. Bei Igeln fanden Forscher schon in den 1950er Jahren heraus, dass sie im Winter verstärkt Heparin ausschütten. Dieser Gerinnungshemmer ist bereits seit der Antike bekannt. Blutegel produzieren ebenfalls Heparin, weshalb Ärzte sie auch heute noch an verschiedenen Körperstellen ansetzen – unter anderem, um Thrombosen vorzubeugen. Meist wird Heparin aber künstlich hergestellt und mit einer Spritze verabreicht.

Bei vielen Winterschläfern herrscht eisige Kälte im Körper; beim kalifornischen Goldmantelhörnchen oder dem einheimischen Siebenschläfer sinkt die Körpertemperatur sogar bis auf zwei Grad Celsius – aber nicht dauerhaft, denn die Körpertemperatur fährt Achterbahn. In bestimmten Zeitintervallen bzw. wenn die Temperatur zu stark absinkt, wachen die Tiere auf. Wissenschaftler vermuten, dass diese Energie raubenden Wachphasen wichtig sind, um das Immunsystem immer wieder in Schwung zu bringen. Murmeltiere beispielsweise werden genau alle zwei Wochen munter, spülen einmal die Nieren durch und legen sich wieder schlafen.

Dann verlangsamt sich auch der Stoffwechsel wieder. Statt normalerweise 500 Herzschlägen pro Minute bringt es beispielsweise der ruhende Siebenschläfer nur noch auf acht bis zehn Herzschläge. Mehr als die Hälfte des Jahres verbringen die kleinen Säuger eingegraben in der Erde. Es scheint, als hätten sie sich selbst lebendig begraben; zwischen zwei Atemzügen kann mehr als eine Stunde vergehen. Kommt der Siebenschläfer nach monatelangem Schlaf wieder ans Tageslicht, hat er etwa die Hälfte seines Gewichts verloren und wiegt nur noch 80 bis 100 Gramm.

Das können sich Bären nicht leisten. Wenn sie aus dem Winterschlaf erwachen, sind sie putzmunter und bereit, ihr Revier zu verteidigen. Zwar fressen auch sie sich vor dem Winter ein Polster an, von dem sie während der Ruhephase zehren, gegen Muskel- und Knochenschwund sind sie aber weitgehend gewappnet. Denn den beim Muskelabbau entstehenden Stickstoff scheiden die Bären nicht über die Nieren aus, sondern recyceln ihn offenbar. Sie bilden daraus Proteine, die sie wieder zum Muskelaufbau verwenden.

Außerdem vermuten Wissenschaftler, dass die Bären während des Winterschlafs durch Zitteranfälle ihre Muskeln trainieren. Auch Kalzium, das sonst mit dem Urin ausgeschieden wird, scheinen die Bären zu nutzen. Zwar bauen sie wie bettlägerige Menschen Knochenmasse ab, aber ihr Knochenaufbauprogramm läuft weiter und ist kurz nach dem Winterschlaf besonders aktiv. So können sich die Tiere schnell wieder erholen.

Können Pferde wirklich nicht kotzen?

Frage von Kirsten F. aus Taunusstein

Pferdemägen verkraften nicht alles an Nahrung, und wenn ihnen etwas nicht bekommt, haben sie ein echtes Problem: Ist einem Pferd übel, kann es den verdorbenen Fraß tatsächlich nicht wieder auf direktem Weg nach draußen befördern. Kehlkopf und Speiseröhre sind dafür nicht konstruiert, Pferde kennen keinen Würgereflex und können die Schluckbewegung nicht umkehren.

Dennoch ist es nicht völlig ausgeschlossen, dass sie ihren Magen wieder über die Speiseröhre entleeren. Der Ausspruch «Ich habe schon Pferde kotzen sehen» hat also seine Gültigkeit – für ein sehr unwahrscheinliches, aber nicht unmögliches Ereignis.

Denn es ist tatsächlich sehr selten, dass Pferde sich übergeben. Und dann ist es kein richtiges Würgen, sondern eher ein «Herauslaufen» von Verdauungssäften. Die Ursache ist niemals Übelkeit, sondern eher mechanischer Natur: meistens eine Schlundverstopfung durch einen zu wenig zerkauten Apfel oder Ähnliches. Dadurch wird die Speichelproduktion stark angeregt; schon im Normalfall produziert ein Pferd mehrere Liter Speichel am Tag. Bei verstopfter Speiseröhre läuft dann die Flüssigkeit durch Maul und Nase einfach wieder heraus.

Ähnliches kann passieren, wenn der Magen überladen ist. Ursache können beispielsweise ungeeignete und quellende Futtermittel sein, denn der Pferdemagen ist mit 10 bis 20 Litern verhältnismäßig klein und lässt sich nur wenig dehnen. Lebensbedrohlich wird es, wenn sich der Magen des Tieres immer weiter mit Verdauungs-

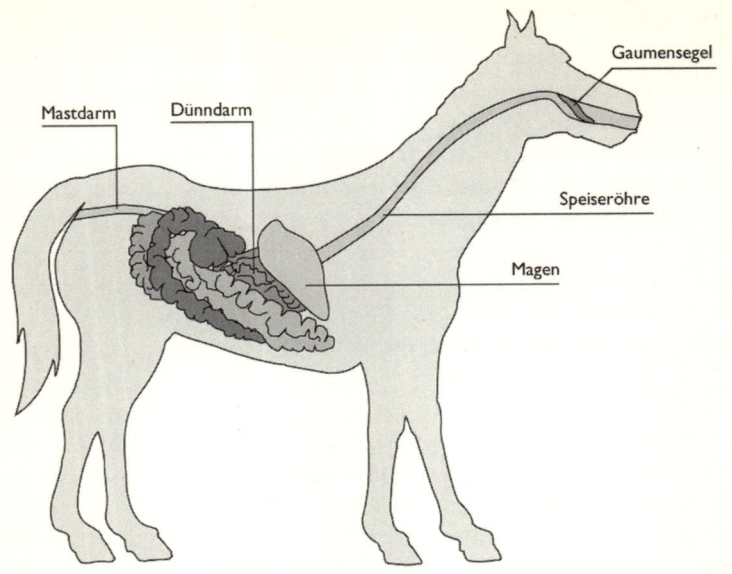

Mastdarm — Dünndarm — Gaumensegel — Speiseröhre — Magen

Wegen des großen Gaumensegels können Pferde durch das Maul
weder atmen noch sich übergeben.

säften anfüllt, weil der Darm an einer Stelle abgeklemmt oder ein-
geschnürt ist. Allein der Dünndarm eines Pferdes ist etwa 20 bis
30 Meter lang und kann sich verknoten oder von anderen Organen
eingeklemmt werden. Wenn der Hinterausgang also derartig ver-
stopft ist, müssen Nahrung und Verdauungssäfte zwangsläufig den
Rückwärtsgang einlegen. Das Pferd übergibt sich – wegen seines
großen Gaumensegels allerdings nicht durch das Maul, sondern
durch die Nüstern.

Ähnliche Probleme haben übrigens Ratten. Dabei könnte das
Erbrechen lebensrettend sein: Ohne diese Fähigkeit können sich
Ratten nicht dagegen wehren, dass der Körper einmal gefressenes
Rattengift aufnimmt. Wenn Sie also das nächste Mal unterstrei-
chen wollen, dass etwas sehr unwahrscheinlich ist, sagen Sie bes-
ser: «Ich habe schon Ratten kotzen sehen.»

Woher wissen Haare, wie lang sie werden sollen?

Frage von Harold E. aus Ansbach

Wie lang Haare wachsen, hängt nicht nur von den Erbanlagen, sondern auch vom Geschlecht ab. Während Männer, würden sie nie zum Friseur gehen, eine im Schnitt 40 bis 50 Zentimeter lange Mähne bekämen, kann Frauenhaar eine Länge von 70 bis 80 Zentimetern erreichen. Viel mehr ist aus den Haaren normalerweise nicht herauszuholen: Sie wachsen zwar zwischen 0,25 und 0,4 Millimeter am Tag, da ein Haar aber spätestens nach etwa sieben Jahren einfach ausfällt, haben Haare von einem Meter Länge und mehr Seltenheitswert. Den Langhaarrekord hält derzeit ausgerechnet ein Mann: Der Zopf des Vietnamesen Tran Van Hay misst nach 31-jähriger Friseurabstinenz stolze 6,2 Meter.

Gebildet wird ein Haar im Haarfollikel, einer muldenartigen Vertiefung der Oberhaut. Darin ist die Haarwurzel verankert, die sich nach unten hin zur Haarzwiebel verdickt. Ein Netz aus Blutgefäßen versorgt die Haarzwiebel mit Nährstoffen. Von hier aus wächst das Haar und drückt sich durch einen dünnen Kanal nach oben. Bei Kopfhaaren ist die Haarzwiebel besonders aktiv, sie wachsen deshalb schneller als etwa Schamhaare. Auch die Dicke der Haare kann variieren, zwischen 0,04 und 0,1 Millimeter.

Das Leben eines Haars gliedert sich in drei Phasen. In der Wachstumsphase nimmt die Länge eines Kopfhaars alle drei Tage um etwa einen Millimeter zu, aufs Jahr gerechnet, sind das rund 15 Zentimeter. Bei Männern wächst das Haupthaar schneller als bei Frauen, es fällt aber auch früher aus. Es folgt die rund vierwöchige Übergangsphase, in der das Haar schon nicht mehr wächst. In der Ruhephase, die bis zu vier Monate dauern kann (bei Augenbrauen sogar acht Monate), löst sich das Haar aus seiner Verankerung und fällt schließlich aus, während aus der Zwiebel schon ein neues Haar nachwächst. Ein Haarfollikel kann zehn bis zwölf Haare produzieren, danach stirbt es ab.

In der Haut eines Menschen befinden sich etwa fünf Millionen solcher Haarfollikel – genauso viele wie beim Schimpansen. Dass wir im Gegensatz zu den Affen nicht mit einem Ganzkörperfell herumlaufen, liegt daran, dass sich beim Menschen nicht in jedem

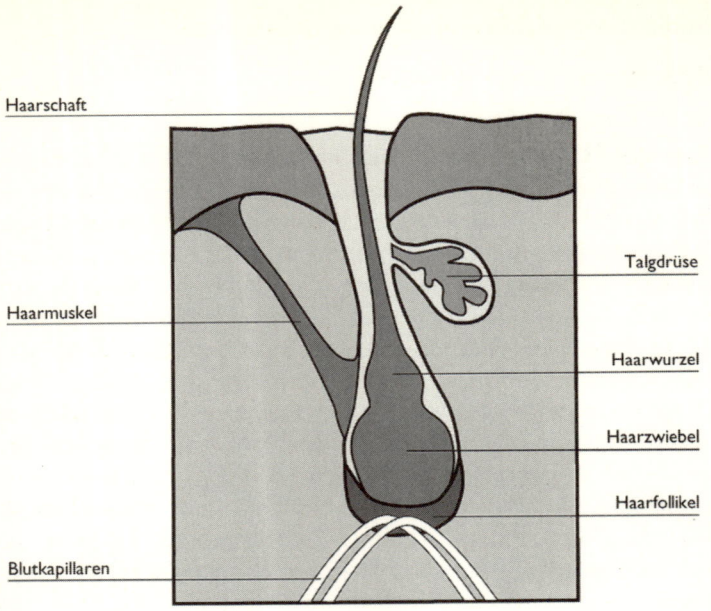

Haarschaft

Talgdrüse

Haarmuskel

Haarwurzel

Haarzwiebel

Haarfollikel

Blutkapillaren

Die ständige Zellteilung in der Haarzwiebel lässt das Haar
bis zu sieben Jahre wachsen.

Follikel auch ein Haar bildet. Von Kopf bis Fuß sind wir mit ungefähr 400000 Haaren bedeckt, davon befinden sich allein etwa
100000 auf dem Kopf. Ob und, wenn ja, wann aus einem Follikel
ein Härchen sprießt, entscheiden unsere Gene und der Hormon-
haushalt; Gleiches gilt für die Länge, Dicke und Lebensdauer des
Haars. So beginnt beispielsweise die Barthaarproduktion beim
Mann erst in der Pubertät.

Dass Männer insgesamt mehr Haare bilden als Frauen, liegt
daran, dass sie mehr Androgene, also männliche Geschlechtshor-
mone, im Blut haben. Androgene sorgen bei Mann und Frau auch
für den ungeliebten Haarausfall. Wer morgens dutzende Haare aus
seiner Bürste klaubt, braucht sich aber noch keine Sorgen zu machen: 60 bis 100 Haare am Tag zu verlieren, ist völlig normal.

Was und wie viel sollten wir trinken?

Frage von Peter R. aus Wörth am Rhein

«Hagel und Granaten! Ihr heulenden Höllenhunde, wollt ihr mich vergiften!?» Kapitän Haddock, seines Zeichens trink- und fluchfreudiger Freund des Reporters Tim, ist für seine leidenschaftliche Wasserabstinenz bekannt. Der ausschließlich Whiskey trinkende Haudegen kann sich den dauerhaften Wasserentzug leisten, schließlich ist er nur eine Comicfigur aus *Tim und Struppi*. Menschen aus Fleisch und Blut würde diese Lebensweise gar nicht gut bekommen.

Denn wer nur Whiskey oder Bier zu sich nimmt, verliert mehr Wasser, als er aufnimmt. Alkohol hemmt den Wassertransport von den Nieren ins Blut, sodass die aufgenommene Flüssigkeit direkt wieder ausgeschieden wird. Statt zur Whiskeyflasche sollten Sie also besser zu Leitungs- oder Mineralwasser, Fruchtsäften und Schorlen greifen. Sie enthalten neben Wasser zusätzlich Vitamine, Mineralien und Spurenelemente.

Wasser ist unentbehrlicher Bestandteil allen Lebens. Pflanzen wie Tieren dient es als Nährstoff sowie als Lösungs- und Transportmittel bei allen Stoffwechselvorgängen. Wasser verdünnt die Magensäure, lässt das Blut fließen, spaltet und löst Salze, Hormone und Zuckermoleküle. Auch die Tatsache, dass der Mensch – abhängig von Alter und Geschlecht – zu 60 bis 70 Prozent aus Wasser besteht, zeigt, wie lebensnotwendig Wasser für den Organismus ist. Von alleine kann der Körper dieses Niveau aber nicht halten. Schon im Ruhezustand verliert er durch Atmen und Schwitzen jeweils einen halben Liter Wasser pro Tag, sogar im Schlaf sind es noch 200 Milliliter. Über den Stuhlgang werden noch einmal 100 bis 200 Milliliter abgeführt. Alle Säugetiere brauchen viel Wasser, um den Harnstoff, das Abwasser des Körpers, auszuschwemmen. Die aufgenommene Flüssigkeit fließt durch die Nieren. Als körpereigene Kläranlage können sie täglich bis zu 1500 Liter filtern, aus denen etwa 150 Liter Primärharn entstehen, die noch einmal zu ein bis zwei Litern Endharn reduziert werden. Für einen ausgewogenen Wasserhaushalt sollte sich ein 75 Kilogramm schwerer Erwachsener also zwischen 2,5 und 3,5 Liter Wasser pro

Tag zuführen – auf ein ganzes Leben gerechnet, sind das immerhin rund 70 000 Liter, so viel wie zwei Tanklaster. Bei sportlicher Belastung oder großer Hitze kann sich der Wasserbedarf schnell um das Zwei- bis Dreifache erhöhen.

Schon ab Wasserverlusten von 300 Millilitern entsteht Durst. Ist der erst mal da, lässt sich ein Leistungseinbruch kaum mehr verhindern. Denn um einem Wassermangel vorzubeugen, muss getrunken werden, bevor der Durst kommt. Füllen wir unsere Speicher nicht rechtzeitig auf, wird dem Blut und dem Gewebe das Wasser entzogen. Dickflüssiges Blut führt jedoch rasch zu Müdigkeit, Übelkeit, Muskelkrämpfen und Kopfschmerzen. Kritisch wird es, wenn der Mensch drei bis fünf Prozent des Körpergewichts an Wasser verloren hat; dann fühlt man sich schwach und bekommt Konzentrationsschwierigkeiten. Fehlen 15 Prozent, also schon rund zehn Liter, gerät man in einen Verwirrtheitszustand, der schließlich zu Bewusstlosigkeit und zum Tod durch Nieren- und Kreislaufversagen führen kann. Länger als vier Tage kann kein Mensch ohne Wasser überleben.

3,5 Liter Wasser pro Tag, wer kann so viel trinken? Die benötigte Wassermenge nehmen wir nicht nur durch Getränke, sondern auch durch feste Nahrung auf: im Schnitt 900 Milliliter. Durch die Oxidation von Zucker, Fetten und Proteinen kann der Körper sogar geringe Mengen Wasser selbst produzieren. So werden beim Abbau von 100 Gramm Eiweiß etwa 40 Gramm Wasser freigesetzt.

Warum schwitzen wir – und das so unterschiedlich?

Frage von Winfried S. aus Gelsenkirchen

Dass wir schwitzen, lässt sich nicht vermeiden – und das ist gut so. Denn die Schweißabsonderung oder Transpiration ist überlebenswichtig, sie dient zur Regelung unserer Körpertemperatur.

Jede Bewegung und Organtätigkeit des Körpers produziert Wärme. Schon der Stoffwechsel im Schlaf reicht theoretisch aus, um die Körpertemperatur pro Stunde um ein Grad zu erhöhen. Da-

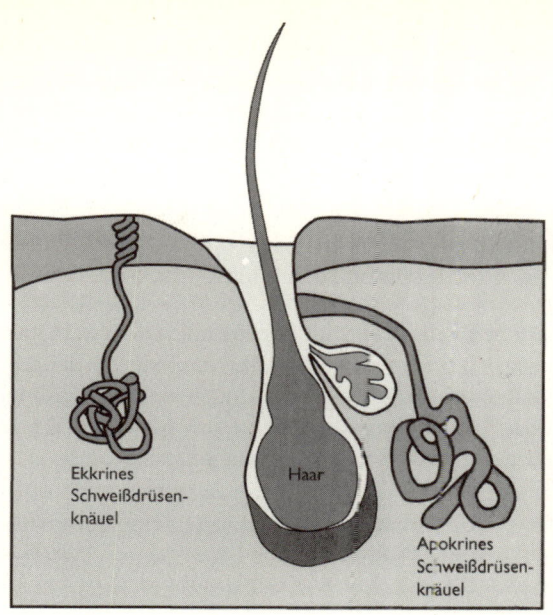

Die Masse macht's: Mehr als zwei Millionen dieser Schweißdrüsen
bringen uns ins Schwitzen.

mit der Körper optimal arbeitet, ist aber eine gleich bleibende Temperatur von 37 Grad Celsius sinnvoll. Rund 30 000 Wärmerezeptoren in der Haut merken sofort, wenn sich der Körper übermäßig erhitzt – und lösen das Signal zum Schwitzen aus. Als natürliche Klimaanlage dienen mehr als zwei Millionen knäuelförmig verwundene Schweißdrüsen in der Unterhaut. Jede Drüse hat eine Pore, aus der der Schweiß austreten kann. Gekühlt wird durch Verdunstungskälte: Der Schweiß entzieht dem Körper dabei so viel Wärmeenergie, wie er zum Verdunsten benötigt. Das gleiche Prinzip verwenden Kühlschränke und Klimaanlagen, in denen das Kühlmittel verdunstet.

Schweißdrüsen sondern eine klare, eigentlich geruchlose Flüssigkeit ab. Sie enthält zu 98 Prozent Wasser, der Rest besteht hauptsächlich aus Kochsalz, Sulfat, Kalium und Harnstoff. Je nach Tätigkeit und Außentemperatur verdunsten täglich zwischen 0,5 und 5 Liter Schweiß auf der Haut. In den Tropen, wo die hohe

Luftfeuchtigkeit die Verdunstung des Schweißes und damit die Kühlung beeinträchtigt, werden sogar bis zu 15 Liter ausgeschwitzt.

Die Schweißdrüsen verteilen sich unterschiedlich über den ganzen Körper. An der Stirn, in den Handtellern und an den Fußsohlen sitzen bis zu 400 Drüsen pro Quadratzentimeter, im Nacken, Rücken und am Gesäß sind es nur 55. Die gute Stirnkühlung soll die Überhitzung unseres wertvollsten Organs verhindern: des Gehirns.

Neben diesen so genannten ekkrinen «Kühldrüsen» gibt es eine zweite Sorte Schweißdrüsen, die apokrinen Drüsen. Sie sitzen an den Haarwurzeln von Augenlidern, Naseneingang und Ohr, an den Brustwarzen, in der Schamgegend und in den Achselhöhlen. Sie entstehen erst in der Pubertät und sorgen für einen Schweißausbruch bei Wut, Schmerz, Angst und sexueller Erregung.

Frischer Schweiß ist geruchlos, erst Bakterien, die auf jeder gesunden Haut siedeln, lassen ihn riechen. Feuchte, behaarte Achselhöhlen stellen ideale Brutgebiete für Bakterien dar. Die Geruchsintensität des Schweißes und dessen Duftnoten sind abhängig von Art und Anzahl der Bakterien, die sich von den im Schweiß enthaltenen Stoffen ernähren und den Schweiß dabei zersetzen. Jeder Mensch riecht anders, und auch zwischen den Geschlechtern gibt es Unterschiede. So produzieren Frauen meist einen weniger intensiven und stechenden Geruch als Männer. Auch dies ist sinnvoll, denn beim Mann stellen die Bakterien über Umwege Verbindungen des Sexuallockstoffs Testosteron her, der in geringen Mengen auf manche Frauennase nicht abstoßend, sondern eher anziehend wirken soll.

Warum überleben Zellen in eingefrorenem Zustand?

Frage von Ludwig N. aus Wien

Angenommen, ein Gartenteich friert vollständig zu, inklusive des darin schwimmenden Goldfischs – dann bedeutet das in der Regel den sicheren Kältetod für den Fisch, denn die Zellen seines Organismus bestehen hauptsächlich aus Wasser. Beim Erstarren bilden sich spitze, sich ausdehnende Eiskristalle, welche die dünnen Zellwände durchstoßen und so die Organe des Fischs zerstören. Hinzu kommt der «osmotische Schock»: In der noch nicht gefrorenen Körperflüssigkeit steigt die Konzentration der gelösten Stoffwechselprodukte auf ein gefährliches Maß an – bis sich die Zelle selbst vergiftet. Die angereicherten Salze entziehen der Zelle zusätzlich Wasser, die Zellmembran schrumpft und verliert ihre Fähigkeit, Nährstoffe mit der Umgebung auszutauschen.

Viele Tiere überleben dennoch zumindest ein teilweises Einfrieren ihres Körpers. Um die Bildung der tödlichen Eiskristalle zu verhindern, haben sie verschiedene Strategien entwickelt. Arktische Fische und Frösche reichern ihre Körper mit Trehalose, einem Zucker, an, der die Zellbestandteile schützend umhüllt und den Gefrierpunkt senkt. Weit verbreitet ist auch der Frostschutz mit Glycerin, einem Alkohol. Randvoll mit Glycerin überleben etwa Insektenlarven unbeschadet Temperaturen bis −20 Grad Celsius. Zusätzlich wirken Glycerinmoleküle den osmotischen Effekten entgegen und stützen die gefährdeten Zellmembranen. Zwar bildet Glycerin bei sehr tiefen Temperaturen auch Kristalle, doch sind diese stumpf und verletzen die Zellwände kaum.

Biotechniker nutzen dieses Wissen, um menschliche, tierische oder pflanzliche Zellen einfrieren und Jahre später wieder zum Leben erwecken zu können. Dazu sind tiefste Temperaturen notwendig: Ab −130 Grad kommen alle Stoffwechselvorgänge zum Erliegen. Die Zelle teilt sich nicht, wächst und altert nicht mehr. In flüssigem, rund −196 Grad kaltem Stickstoff gelagert, kann die Probe dann theoretisch Jahrhunderte überdauern.

Menschliche Zellen erfordern dabei eine besonders schonende Behandlung. Um die Kristallbildung zu verhindern, werden Blutproben oder Gewebszellen synthetische Frostschutzmittel zugesetzt. Aus dem gleichen Grund muss der Abkühlungsprozess langsam und in mehreren Schritten erfolgen. Die Zugabe von Trehalose mindert die schädlichen Auswirkungen des Einfrierens weiter. Trotzdem überleben nur zwischen einem und 70 Prozent der Zellen diesen Stress.

Manche Bakterien erfahren eine ungleich gröbere Behandlung, sie werden gefriergetrocknet: Erst wird ihnen im Vakuum das Wasser entzogen, dann folgt die Schockfrostung. So lassen sich ganze

Bakterienkulturen in Tablettenform pressen und eisgekühlt lagern. Um sie aus dem Kälteschlaf zu holen, wird die Tablette einfach in eine Schale mit Nährflüssigkeit gegeben. Kurz darauf erwachen die Mikroben zu neuem Leben.

Ganze Organismen, wie der Mensch, können zwar problemlos eingefroren und aufgetaut werden, ins Leben zurückholen lassen sie sich aber nicht. Problematisch sind nicht nur die verschiedenen Frostschutzmittel, sondern auch die starken Temperaturschwankungen von über 200 Grad, die den Körperzellen und Organen bleibende Schäden zufügen.

Wie entstanden die Blutgruppen?

Frage von Rainer L. aus Mombach

Warum Menschen verschiedene Blutgruppen haben, kann niemand mit Bestimmtheit sagen. Auch die historische Verteilung ist bisher nicht geklärt: Es gibt nicht genug Funde menschlicher Knochen, bei denen sich noch die Blutgruppe identifizieren lässt, um Aussagen darüber treffen zu können. Der Mensch hat eigentlich weitaus mehr als vier Blutgruppen: 398 Merkmale sind erforscht. Die Einteilung in die vier Blutgruppen A, B, 0 und AB geht auf Karl Landsteiner zurück, der die verschiedenen Blutgruppen 1901 entdeckte: Der österreichische Bakteriologe kombinierte mehrere Blutproben, in einigen Fällen verklumpten die Mischungen, in anderen nicht.

Die Gruppen A und B unterscheiden sich voneinander durch andersartige Zuckermoleküle an der Oberfläche der Blutkörperchen. Die Gruppe AB ist eine Mischgruppe und weist beide Zuckermoleküle auf, während bei der Gruppe 0 diese völlig fehlen. Jeder Mensch kann somit bei einer Transfusion Blut der Gruppe 0 erhalten.

Mit der Entdeckung des AB0-Systems rettete Landsteiner vielen Menschen das Leben – endlich gab es eine Methode, Blutgruppen sicher zu bestimmen. Allein im Ersten Weltkrieg führte seine Forschung zur Rettung tausender verwundeter Soldaten, aber sie kam

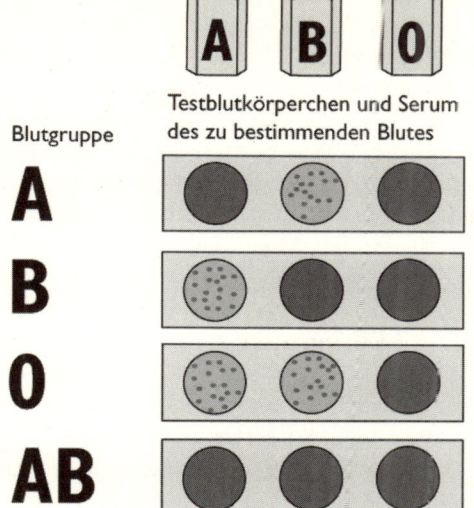

Testblutkörperchen und Serum
des zu bestimmenden Blutes

Blutgruppe

A

B

O

AB

Blutgruppen dürfen nicht einfach vermischt werden.
Es können sich Antikörper bilden, die das Blut verklumpen lassen.

genauso Unfallopfern und Müttern im Kindbett zugute. 1930 erhielt Landsteiner den Nobelpreis für Medizin.

Zehn Jahre später entdeckte er im Affenblut noch weitere Eiweiße, die eine Blutgruppe bestimmen, die Rhesusfaktoren. Ein Mensch, der diesen Faktor besitzt, erhält den Zusatz «positiv», alle anderen sind Rhesus-negativ. Kommen beide Gruppen wiederholt in Kontakt, etwa durch eine Transfusion, kann es zur lebensgefährlichen Verklumpung der Blutzellen kommen.

Freund und Feind

Warum löscht Wasser Feuer?

Frage von Phillip L. aus Celle

«Wohltätig ist des Feuers Macht, wenn sie der Mensch bezähmt, bewacht.» Dass das Feuer für den Menschen nicht nur Segen, sondern auch Verhängnis sein kann, das wusste schon Friedrich Schiller. Offenes Feuer, dessen Macht nicht mehr «bezähmt» werden kann, ist gefährlich und muss gelöscht werden – am sichersten und schnellsten geht das mit dem Löschmittelklassiker Wasser.

Damit ein gewöhnliches Stück Kaminholz überhaupt brennen kann, muss ihm zunächst Energie in Form von Wärme zugeführt werden, etwa durch die heiße Flamme eines Streichholzes. Die Zündtemperatur von Holz liegt bei ungefähr 300 Grad Celsius. Die Hitze der Flamme sorgt dafür, dass die Feststoffe des Holzes zerbrechen und in einen gasförmigen Zustand übergehen. Beim Holz sind dies diverse Fette und Harze, vor allem aber die Zellulose, eine langkettige Molekülverbindung aus Kohlenstoff, Sauerstoff und Wasserstoff. Denn nur die brennbaren Gase des Holzes können mit dem Sauerstoff der Luft reagieren und sich bei ausreichend hoher Temperatur entzünden. So erklärt sich, warum ein massiver Holzscheit schwerer zu entflammen ist als die gleiche Masse fein gemahlener Sägespäne: Gegenüber dem Holzscheit besitzen die Späne eine viel größere Oberfläche, so können sich größere Gasmengen erheblich schneller mit dem reaktionsfreudigen Sauerstoff der Umgebung verbinden. Verteilt sich dieser Holzstaub in der Luft, kann es im Extremfall sogar zu einer Explosion kommen.

Hat die Verbrennung des Gas-Luft-Gemisches erst einmal begonnen, lässt die entstehende Verbrennungswärme immer mehr Gase aus dem Inneren des Holzes verdampfen. Der Brand nährt sich dann von selbst. Dieser Kreislauf endet erst, wenn alle im Holzscheit enthaltenen Gase aufgebraucht sind. Um zu brennen, benötigt das Kaminholz also den ständigen Nachschub an Energie und Sauerstoff – und genau den unterbricht das Wasser.

Kommen die Wassertropfen mit den entflammten Gasen an der Oberfläche des Holzes in Kontakt, verdampfen sie schlagartig und entziehen dem Feuer dabei einen Großteil seiner Wärmeenergie. Hier hilft dem Wasser eine besondere physikalische Eigenschaft: Mehr als jeder andere flüssige oder feste Stoff wehrt es sich dagegen, seinen Temperaturzustand zu verändern. Grund dafür ist der besonders starke Zusammenhalt zwischen den einzelnen Molekülen. Der Energieaufwand, um diese Anziehungskräfte zu überwinden, ist enorm. Das Resultat: In kürzester Zeit hat das Wasser dem Feuer so viel Energie entzogen, dass sich das Holz unter die Entzündungstemperatur abgekühlt hat. Die Bildung neuer Gase wird so verhindert, und die Flamme erlischt.

Professionelle Feuerbekämpfer machen sich aber noch einen weiteren Löscheffekt des Wassers zu Nutze: Um Brände in schwer zugänglichen Bereichen wie Treppenhäusern oder Autobahntunnels wirkungsvoll zu bekämpfen, zerstäuben sie das Wasser unter Hochdruck zu feinstem Nebel. Dieser Wassernebel kühlt den Brandherd bis in die hinterste Ecke und verdrängt dabei einen Teil des Sauerstoffs. Ohne genügend Sauerstoff kann aber kein Feuer auf Dauer brennen. Die erstickende Wirkung entfaltet sich umso besser, je kleiner der Durchmesser der Tröpfchen ist; denn damit wächst deren luftverdrängende Oberfläche.

Aber Wasser ist nicht immer das geeignete Löschmittel. Beim klassischen Fettbrand in der Bratpfanne etwa kann dessen Einsatz sogar gefährlich werden. Der aufsteigende Dampf des Löschwassers reißt kleinste Öltröpfchen mit sich und vermischt diese mit dem Sauerstoff der Umgebung: eine hochexplosive Mixtur, die mit einer Stichflamme schlagartig verbrennt. Hier hilft nur eins, Deckel drauf und abwarten, bis der Brand wegen Sauerstoffmangels eingegangen ist.

Warum bleiben Spinnen nicht an ihren eigenen Netzen kleben?

Frage von Ulrich A. aus Bad Hindelang

Um nicht selbst Opfer ihrer eigenen Raffinesse zu werden, muss die Kreuzspinne aufpassen, wo sie hintritt. Zur Fortbewegung benutzt sie die zum Zentrum des Netzes führenden speichenähnlichen Radialfäden. Anders als die Fangseide, die sich wie eine Spirale um das Zentrum windet, dienen die Radialfäden nicht dem Beutefang. Ihre besonders reißfeste Seide verleiht dem Netz lediglich Stabilität und besitzt keinerlei Klebewirkung. Solange die Spinne diese sicheren Wege nicht verlässt, kann ihr gar nichts passieren.

Aber was macht die Spinnenseide überhaupt zur klebrigen Bedrohung? Mit ihren sechs Spinnwarzen kann die Kreuzspinne die unterschiedlichsten Seidenarten herstellen, darunter auch die besonders dünnen Fangfäden. Einmal ins Netz gegangen, gilt es, die Beute, etwa eine Fliege, nicht wieder entwischen zu lassen. Die meisten der rund 37 000 Webspinnenarten überziehen ihre Fangfäden deshalb mit leimartigen Tropfen, an denen die Opfer einfach kleben bleiben. Diese Haftpunkte liegen in bestimmten Abständen zueinander; dazwischen sind leimfreie Lücken, damit die Spinne auch gefahrlos zur Beute gelangen kann. Untereinander tauschen können die Webspinnen ihre Netze übrigens nicht. Die Abstände zwischen den Klebetropfen sind bei jeder Spinne verschieden, sodass eine Kreuzspinne im Gespinst einer anderen Kreuzspinne genauso kleben bleiben würde wie jedes andere Insekt.

Manche Spinnenarten stellen ihren Opfern aber auch eine mechanische Falle, wie die Kräuselradnetzspinne. Mit einer besonderen Spinndrüse, dem Cribellum, verzwirbelt sie bis zu 50 000 ultrafeine, nur 0,00001 Millimeter dünne Seidenstränge um einen dickeren Achsfaden. So entsteht eine Fangwolle, deren aufgeraute, extrem fransige Oberfläche wie ein Klettverschluss wirkt: Kommen die kleinen Beine und Härchen der Fliege mit der Wolle in Kontakt, haften sie fest. Beide Fangmethoden lassen der Fliege keine Chance: Bevor sie überhaupt merkt, in wessen Falle sie da geraten ist, ist die Spinne herbeigeeilt, hat ihr Opfer in einen Seidenkokon gewickelt und mit einem Biss das tödliche Gift injiziert.

Müssen Fische trinken?

Frage von Wolfgang K. aus Mainz

Genau wie alle anderen Tiere und Pflanzen brauchen auch Fische Wasser zum Überleben – und das nicht nur, um darin zu schwimmen. Fische verlieren Wasser nicht über die Atmung oder Schweißdrüsen, wohl aber über ihren Urin. Wir Menschen nehmen Wasser auf, indem wir es trinken. Fische und viele Amphibien können das nicht, sie regulieren ihren Flüssigkeitshaushalt vor allem über die Haut und die Kiemen. Und weil ein Fisch von nichts als Wasser umgeben ist, gestaltet sich die Flüssigkeitsaufnahme schwieriger als gedacht.

Süßwasserfische leben im Überfluss. Vor allem durch die Kiemen strömt mit den Atemgasen ständig so viel Wasser in den Körper, dass sie einen Teil davon wieder abgeben müssen. Im Inneren des Fisches, genauer in seinen Milliarden Körper- und Blutzellen, werden Mineralien, Salze und Zucker gelöst. Die Konzentration dieser Stoffe ist im Fisch wesentlich größer als im umgebenden Süßwasser. Dieses Ungleichgewicht lässt den Fisch beinahe ertrinken. Denn so wie sich ein Gas nach gewisser Zeit gleichmäßig im Raum verteilt, streben auch Lösungen unterschiedlicher Konzentration nach Ausgleich. Dieser Vorgang heißt Osmose. Aus dem Fisch können die gelösten Substanzen aber nicht nach außen gelangen. Seine Zellwände sind semipermeabel, also durchlässig für Wassermoleküle, aber undurchlässig für größere Verbindungen wie Salze. Theoretisch dringt nun so lange Wasser in die Zellen ein, bis die Lösung im Körper ausreichend verdünnt ist und ein Gleichgewicht zwischen außen und innen besteht. Erleben würde das der Fisch allerdings nicht, seine Zellen wären schon vorher durch den Überdruck zerplatzt. Damit es nicht so weit kommt, pumpt der Fisch ständig die überschüssige Flüssigkeit durch seine Nieren und mit dem Urin aus dem Körper.

Ein Salzwasserfisch hat genau das umgekehrte Problem. Sein überaus mineralhaltiger Lebensraum saugt ihm das Wasser förmlich aus den Zellen. Im Meerwasser sind die gelösten Substanzen zum Teil höher konzentriert als im Fisch. Damit der Fisch nicht mitten im Ozean austrocknet und verdurstet, muss er aktiv Salz-wasser aufnehmen; das verträgt er aber genauso wenig wie der Mensch. In den Kiemen hat er deshalb spezielle Chloridzellen, in denen er das Salz ansammeln und wieder an die Umgebung abgeben kann. Doch das allein reicht nicht. Zusätzlich produzieren die Nieren hochkonzentrierten Harnstoff, der sehr wenig Wasser enthält. Im Vergleich zu ihren Süßwasserkollegen verlieren Salzwasserfische über ihren Urin so nur ein Hundertstel des lebenswichtigen Wassers.

Dank einer besonderen Fähigkeit können sich manche Arten wie Haie und Rochen diese Kraft raubende Prozedur ersparen: In ihrem Körper reichern sie Harnstoff und osmotisch wirkende Substanzen so lange an, bis sie im Gleichgewicht mit den im Meer gelösten Stoffen stehen. Der Wasserverlust bleibt minimal. Dabei kommt es vor, dass die Riesenfische sich verschätzen, sich der Effekt umdreht und Meerwasser in den Körper strömt. Dann heißt es für die Nieren wieder: pumpen.

Wahre Alleskönner sind Fische, die sich in beiden Lebensräumen wohl fühlen, etwa Lachse. Wenn sie zum Laichen vom salzigen Meer in die süßen Flüsse wandern, stellen sie ihre Wasserversorgung einfach um.

Warum gibt es bei uns wenig giftige Tiere, in wärmeren Regionen aber mehr?

Frage von Martina H. aus Oberhausen

Giftige Tiere gibt es überall auf der Welt, in Mitteleuropa aber tatsächlich weniger als in Südeuropa, Südamerika und in Afrika. Wechselwarme Arten wie Reptilien, große Insekten und Spinnen kommen häufiger in südlichen, sprich wärmeren Gefilden vor als im kühlen Norden. Und es sind meist diese Tiere, die in ihren Körpern Gifte produzieren.

Dass diese Gifte zum Teil so stark sind, dass sie auch dem Menschen gefährlich werden können, liegt an der insgesamt höheren Artenvielfalt und der verschärften Konkurrenzsituation auf der Südhalbkugel der Erde: Gedränge im Biotop begünstigt die Entwicklung tierischer Gifte. So ist die Zahl der Fressfeinde für den nur zwei Zentimeter kleinen Pfeilgiftfrosch im südamerikanischen Regenwald ungleich größer als für den hiesigen Laubfrosch. Für den Laubfrosch reicht seine grüne Haut zur Tarnung und Abschreckung aus, sein tropischer Verwandter schützt sich dagegen mit einem Hautsekret, das als eines der stärksten natürlich vorkommenden Nervengifte gilt.

Je mehr Individuen konkurrieren müssen, desto härter führen sie ihren Überlebenskampf. Die Folge ist ein «Wettrüsten» mit der wirksamsten Waffe, die die Natur zu bieten hat: Gift. Aber jedem Gift setzt die Evolution bald eine Resistenz entgegen. Den Organismen gelingt es immer wieder, sich auch auf den giftigsten Stoff einzustellen, seine tödliche Wirkung zu überwinden. Die Natur entwickelt also immer stärkere Gifte, denen sich die jeweiligen Konkurrenten früher oder später wieder anpassen. Im Norden, wo die Fauna weniger bunt und zahlreich ist, ist dieser Wettkampf der Giftmischer offenbar nicht notwendig.

In Australien sind besonders viele giftige Tiere zu finden – nirgendwo sonst gibt es derart viele toxische Wasser- und Landbewohner, denn nirgendwo sonst gibt es so viele unterschiedliche Tierarten. Seine besonders hohe Artenvielfalt hat der australische Kontinent wahrscheinlich seiner langen Isolation zu verdanken. So gibt es Tiere, die ausschließlich in Australien zu finden sind, darunter die 250 Beuteltierarten wie Koalas und Kängurus. Die großen Riffs vor der Nordostküste bieten darüber hinaus abertausenden Fischen einen idealen Lebensraum und Nahrung. Zu den giftigen Exoten Australiens zählen die Bunte Kegelschnecke, die dort mit widerhakenbesetzten Giftpfeilen jagt, und Seeigel, die sich mit kleinen Giftzangen verteidigen. Und wenn die Seewespe auftaucht, eine extrem gefährliche Qualle, müssen ganze Strände gesperrt werden. Allein elf der giftigsten Schlangen der Welt leben in Australien, allesamt Giftnattern. Sie gelten als die Urschlangen Australiens, aus denen sich alle dortigen Schlangenarten entwickelt haben. Ihre Giftigkeit haben sich die Nachkommen dabei bewahrt.

Wie funktionieren Sonnencremes?

Frage von Amelie S. aus Nebling

Aufgabe der Sonnencreme ist es, die Haut vor den schädlichen Anteilen der Sonnenstrahlen zu schützen. Diese ultravioletten – oder kurz UV – Strahlen sind für das menschliche Auge unsichtbar, haben aber einen großen Einfluss auf die chemischen Vorgänge in der menschlichen Haut.

Sonnencremes verfügen deshalb über verschiedene UV-Filter, die schädliche Strahleneffekte vermindern können. Chemisch wirkende Cremes enthalten organische Moleküle auf Benzolbasis (Aromaten), die bis in die Hautfalten vordringen. Dort absorbieren die Moleküle die Energie der auftreffenden Strahlen, wobei sie sich verdrehen wie ein gewrungenes Handtuch. Dieser Zustand ist aber nicht stabil, die Moleküle möchten sich lieber wieder in ihren Ausgangszustand zurückdrehen. Dabei wird die gespeicherte UV-Strahlung in Wärme umgewandelt, noch bevor sie überhaupt Schaden anrichten konnte. Bei empfindlichen Menschen können aromatische Verbindungen allerdings Allergien oder Kopfschmerzen auslösen.

Eine Alternative ist der Sonnenschutz mittels eines physikalischen Filters. Hier werden mit der Creme zahllose, nur wenige Nanometer große Partikel aus Titandioxid aufgetragen. Gleich einem feinen Film aus Mini-Spiegeln bedecken sie die gesamte Hautoberfläche. Schädliche UV-Strahlen haben da keine Chance: Sie werden reflektiert. Häufig werden chemische und physikalische Filter miteinander kombiniert, um einen maximal möglichen Schutz zu erreichen.

Es gibt drei Typen von UV-Strahlung. UV-A-Strahlung mit einer Wellenlänge von 315 bis 400 Nanometern (1 Nanometer ist der millionste Teil eines Millimeters) hat die unschöne Nebenwirkung, dass die Strahlen tief in die Unterhaut eindringen, dort das Bindegewebe zerstören und so die Haut schneller altern lassen. Außerdem steht UV-A im Verdacht, an der Entstehung von Sonnenbrand und Hautkrebs beteiligt zu sein. In Solarien sorgt allein UV-A-Strahlung für die Bräunung der Haut.

Zu den energiereicheren Strahlen zählt die UV-B-Strahlung mit einer Wellenlänge von 280 bis 315 Nanometer. Bei einem Sonnenbad lässt sie gemeinsam mit UV-A unsere Haut bräunen. Die Wellen dringen in die Oberhaut ein und regen die Zellen an, mehr vom Hautfarbstoff Melanin zu produzieren. Das bräunliche Melanin umhüllt die Hautzellen und schützt sie so gegen zu starke Strahlung. Doch dieser Eigenschutz der Haut ist schnell überfordert. Ist die Haut zu lange intensiver Strahlung ausgesetzt, dringen die UV-B-Wellen in tiefere Schichten vor und schädigen dort die Zellkerne. Die Folge ist ein Sonnenbrand. Mit jedem Sonnenbrand fällt es der Haut schwerer, die Schäden in der Zellstruktur zu reparieren. Es kann zu Veränderungen im Erbgut kommen und in der Folge zu Hautkrebs. Ein gewisses Maß an UV-B braucht der Mensch aber zum Leben: Ohne UV-B-Strahlung können wir kein Vitamin D herstellen.

Die UV-C-Strahlung hat mit weniger als 280 Nanometern die kürzeste Wellenlänge. Sie ist sehr energiereich und für den Menschen ähnlich schädlich wie intensive Röntgenstrahlung, UV-C wird aber fast vollständig von der Ozonschicht absorbiert.

Sonnencreme muss also nur vor UV-A- und UV-B-Strahlung schützen. Durch den Schutz behindert sie aber – zum Leidwesen manch Sonnenhungriger – den Zugang der UV-A- und UV-B-Wellen in die farbspendende Pigmentschicht der Haut. Dennoch bräunt es sich ohne Sonnencreme nicht effektiver: Die schnelle Bräune verblasst rasch wieder. Für eine lang anhaltende Bräune ist Sonnenmilch daher unverzichtbar. Sie enthält meist die Vitamine D und E, die den Hautzellen helfen, die Belastungen durch längere Sonnenbestrahlung zu verkraften.

Wirkt ein Katerfrühstück? Und wenn ja, wie?

Frage von Sebastian H. aus München

Bis heute gibt es kein Allheilmittel gegen den Kater nach übermäßigem Alkoholgenuss. Das liegt daran, dass der Kater mehrere Ursachen hat. Alkohol gelangt über die Schleimhaut des Darms und des Magens ins Blut. Wie schnell das geschieht, hängt davon ab, womit der Magen gefüllt ist. Vor dem Trinkgelage ein dickes Schnitzel mit Pommes zu essen, ist aber noch kein Anti-Kater-Mittel. Man wird dann lediglich langsamer betrunken, weil der Alkohol mit der fetten Kost länger im Magen bleibt und so langsamer in den Blutkreislauf gelangt – es ändert nichts an der absoluten Menge abzubauenden Alkohols. Der Kater kommt also trotzdem.

Für die Kopfschmerzen und den typischen Nachdurst wird in erster Linie ein Flüssigkeitsverlust verantwortlich gemacht. Denn wer viel trinkt, muss auch viel Wasser lassen. Ihren Nieren ist es dabei zunächst egal, ob Sie Alkohol oder Wasser trinken. Das Organ scheidet genau die Flüssigkeitsmenge aus, die ihm zugeführt wird. Da im Bier aber neben Wasser auch Alkohol enthalten ist, verlieren Sie ständig mehr Wasser, als Sie zu sich nehmen. Außerdem bremst der Alkohol die Produktion des Hormons Vasopressin, dessen Aufgabe es ist, den Flüssigkeitsverlust über die Nieren zu begrenzen. Zusammen mit einer erheblichen Wasserüberladung, besonders bei Bierkonsum, führt diese Vasopressin-Hemmung zu einem gesteigerten Harndrang – Sie müssen häufiger auf die Toilette. Ihr Körper schwemmt so neben Wasser auch viele Vitamine, Mineralstoffe und vor allem Salze aus, die ersetzt werden müssen. Im klassischen Katerfrühstück aus Rollmöpsen und sauren Gurken sind viele Salze und auch Mineralstoffe enthalten, insofern kann das Katerfrühstück die Symptome in Folge des übermäßigen Alkoholkonsums lindern.

Alkohol führt neben dem Flüssigkeitsverlust auch zu einem Magensäure-Überschuss, der die Darmwände reizt. Das hemmt den Appetit und lässt Sie morgens nur widerwillig zum salzigen Rollmops greifen. Das ist nicht weiter schlimm, vorausgesetzt, Sie greifen stattdessen zu einem Früchte-Müsli oder Käsebrot. Hauptsache, die Kost ist nährstoffreich und füllt die Mineralstoffspeicher wieder auf.

Auch das bekannteste Medikament der Welt kann helfen: Aspirin. Schlucken Sie eine Tablette vor dem Schlafengehen, und Sie haben immerhin eine kleine Chance, ohne Kopfschmerzen aufzuwachen. Schmerzmittel wie Paracetamol sollten Sie meiden, der Wirkstoff kann zusammen mit giftigen Abbauprodukten des Alkohols die Leber schädigen.

Abzuraten ist ebenfalls vom berühmten «Drink danach»: Das

Glas Sekt am Morgen weitet zunächst Ihre Gefäße und wirkt angenehm anregend. Aber auch der neue Alkohol muss abgebaut werden, Sie riskieren also einen doppelten Kater. Viel besser hilft da ein Spaziergang an der frischen Luft, der bringt den Kreislauf in Gang und fördert den Alkoholabbau.

Wie wirkt Koffein?

Frage von Renate B. aus Berlin

Kaffeegenuss ist mehr als eine Frage des Geschmacks. Viele Menschen mögen den bitteren Geschmack von Kaffee gar nicht, trinken ihn aber trotzdem – wegen des darin enthaltenen Wachmachers Koffein. Der Wirkstoff macht erschöpfte Geister wieder munter, indem er die Nervenzellen des Gehirns nicht merken lässt, dass sie eigentlich eine Pause benötigen.

Koffein gehört zur chemischen Gruppe der Alkaloide, genau wie Nikotin, Chinin oder Kokain. In geringen Dosen gelten diese Substanzen als Genussmittel oder entfalten gar heilende Wirkung, in hohen Dosierungen wirken sie jedoch giftig. In einer Tasse Kaffee sind etwa 0,1 Gramm Koffein enthalten – und das reicht schon aus, um den geregelten Ablauf unseres zentralen Nervensystems durcheinander zu bringen.

Im Wachzustand sind die Nervenzellen unseres Körpers sehr aktiv, ständig senden und empfangen sie Informationen mittels Botenstoffen. Doch sie laufen dabei Gefahr, zu viele Signale zu empfangen – und darum setzt der Körper Adenosin frei. Dieses blockiert die Andockstellen, die Rezeptoren, für die Botenstoffe – die Nervenzellen bleiben nicht ständig angeregt, sondern kehren wieder in den «entspannten» Zustand zurück. Koffein sieht dem Adenosin täuschend ähnlich und besetzt die Rezeptoren – allerdings ohne dabei die bremsende Wirkung zu entfalten. Darum wirkt Koffein so anregend.

Doch ewig lässt der Körper sich nicht täuschen und stellt sich auf die Irreführung ein: Er merkt, dass nicht genügend Adenosin an den Rezeptoren andockt, und bildet daher mit der Zeit zusätzliche Rezeptoren aus. Nun können auch wieder Adenosinmoleküle andocken, und die aufputschende Wirkung verpufft. Auf diese Weise gewöhnt sich der Körper an den fremden Stoff. Ihm müssen nun immer höhere Dosen Koffein zugeführt werden, um die gewünschte Wirkung hervorzurufen.

Diese allmähliche Toleranz ist typisch für das Suchtpotenzial von Drogen, wobei Kaffee natürlich weniger gesundheitsschädlich ist als andere Alkaloide. Je nach Verträglichkeit und Dosis kann Koffein aber zu Nervosität, Schweißausbrüchen, Schlaflosigkeit und Herzrasen führen. Erst eine Dosis von mehr als zehn Gramm Koffein ist tödlich, dazu müssten dann aber schon rund hundert Tassen Kaffee innerhalb kurzer Zeit getrunken werden.

Außer in den Samen des Kaffeestrauchs findet sich natürliches Koffein noch in Teeblättern, in geringen Mengen in der Kakaobohne sowie in etwa 100 weiteren Pflanzen. Seit 1820 lässt sich Koffein auch synthetisch herstellen und wird in dieser Form Cola oder Energy Drinks zugesetzt.

Was dem Menschen als bitteres Genuss- und Aufputschmittel dient, nutzt den Pflanzen übrigens als wirksames Mittel gegen Fressfeinde und Parasiten – für sie ist Koffein auch in kleineren Dosen giftig.

Spielt es eine Rolle, wann man die Milch in den Kaffee gießt?

Frage von Jutta S. aus Zürich

Kaffee ist das beliebteste flüssige Nahrungsmittel in Deutschland: Rund 160 Liter des schwarzen Gebräus trinkt der Durchschnittsbürger jährlich, das sind rund 23 Prozent seines gesamtem Getränkekonsums. Doch jeder genießt seinen Kaffee auf andere Art und Weise. Nur die wenigsten mögen ihn ganz «schwarz». Gut zwei Drittel aller deutschen Kaffeetrinker bevorzugen ihn «weiß», also mit einem Schuss Milch – und haben damit ein Problem, denn die Milch kühlt den Kaffee ab. Wie aber bleibt der Milchkaffee länger heiß: wenn der Kaffee erst etwas abkühlt und dann die kalte Milch hinzugegeben wird oder wenn die kalte Milch direkt in den heißen Kaffee gegossen wird? Um die Frage zu beantworten, lohnt sich ein Blick ins Physikbuch, genauer auf das Newton'sche Abkühlungsgesetz. Es besagt, dass «die Abkühlungsgeschwindigkeit eines Körpers näherungsweise proportional ist zur Differenz der Temperaturen von Körper und Umgebung». Dabei kommt es zu einem Wärmestrom vom wärmeren zum kälteren Stoff.

Für Ihren Frühstückskaffee bedeutet das im Klartext: Je größer der Temperaturunterschied zwischen Milchkaffee und Raumtemperatur ist, desto schneller wird der Kaffee kalt. Die beiden Flüssigkeiten sollten also möglichst gleichzeitig in die Tasse gegossen werden. Die Gesamttemperatur sinkt dadurch zwar schnell ab, bleibt dann aber – siehe Abkühlungsgesetz – längere Zeit auf Trinktemperatur, weil dann der Temperaturunterschied zwischen Milchkaffee und dem Raum, in dem Sie sich befinden, geringer ist. Nach ein paar Minuten morgendlicher Zeitungslektüre ist er nicht so kalt wie der Kaffee, dem die Milch erst später zugegeben wurde.

Für die Temperaturentwicklung des braunen Gemischs selbst ist es gleichgültig, ob zuerst die Milch oder der Kaffee in die Tasse gegossen werden, die Wärmeübertragung zwischen vermischten Flüssigkeiten erfolgt auf immer gleiche Weise: mittels Molekülstößen von Teilchen zu Teilchen.

Eine elegante Lösung des Problems liegt natürlich darin, die Milch vor dem Zusammengießen zu erhitzen und die Tasse selbst vorzuwärmen, wie es etwa bei der Latte macchiato üblich ist.

Die Temperaturbeständigkeit des Kaffees ist darüber hinaus abhängig von Material und Form der Tasse. Keramik hat eine geringe Wärmeleitfähigkeit, im Porzellantässchen bleibt der Kaffee deshalb länger heiß als etwa in einem Glasbecher. Bei flach geformten Tassen kommt dagegen mehr Kaffee mit der Luft in Berührung, und das führt zu einer rascheren Abkühlung. Ideale Gefäße für dauerhaft heißen Milchkaffee sind daher dickwandige Keramikbecher mit schlanker Form.

Worin unterscheiden sich Viren und Bakterien?

Frage von Stefan K. aus Kaiserslautern

Viren und Bakterien haben einiges gemeinsam: Sie sind klein, sie bevölkern den menschlichen Körper, und sie können einen krank machen. Bei näherer Betrachtung offenbaren sich jedoch größere Unterschiede, schon rein äußerlich: Bakterien sind zwischen 0,005 und 0,0010 Millimeter groß und lichtmikroskopisch zu erkennen; Viren hingegen sind 100-mal kleiner, sie lassen sich nur noch mit Hilfe eines Elektronenmikroskops ausmachen.

Doch die Verschiedenartigkeit zwischen Bakterium und Virus ist viel grundsätzlicherer Natur. Bakterien gelten als eigenständige Lebensform jenseits von Tier und Pflanze. Viren hingegen werden von vielen Biologen nicht einmal zu den Lebewesen gezählt. Sie bestehen lediglich aus einem Erbgutfaden (Desoxyribonukleinsäure DNS oder Ribonukleinsäure RNS) und einer Eiweißhülle. Weil sie keinen Stoffwechsel betreiben, benötigen sie auch keine Nährstoffe, nicht einmal Wasser. Das einzige Ziel der Viren ist es, sich im Körper eines Wirtes massenhaft zu vermehren und zu verbreiten. Mit Hilfe von Rezeptormolekülen schließen sie dazu fremde Zellen auf und schleusen ihr Erbgut in die Zellen ein. Sie wird so zur Geburtsmaschine für neue Viren. Die Wirtszelle stellt sogar passende Eiweißhüllen für die Viren her. Anschließend zerstören die fertigen Viren die Zelle – und der Mensch wird krank. Nun breiten sich die unliebsamen Besucher im ganzen Körper aus, auf der Suche nach neuen Wirtszellen. Es gibt sogar Viren, die Bakterien befallen.

Im Gegensatz zu Viren haben viele der rund 3000 Bakterienarten auch gute Eigenschaften. Sie vermehren sich selbständig, indem sich die Zelle in der Mitte einfach teilt. Die einzelligen Mikroorganismen verfügen über einen eigenen Stoffwechsel. Sie benötigen daher Nährstoffe, um zu überleben, und geben Abfallstoffe an ihre Umwelt ab. Im menschlichen Verdauungstrakt übernehmen rund 100 Billionen Bakterien mit einem Gesamtgewicht von rund einem Kilogramm eine für den Menschen lebenswichtige Aufgabe: Sie verdauen anorganische Stoffe wie Eisen und Stickstoff. Die Ausscheidungen der Mikroben kann der Körper dann für seinen eigenen Stoffwechsel nutzen. Allerdings gibt es auch Bakterien, deren Stoffwechselprodukte für uns giftig sind und uns erkranken lassen, wie beispielsweise im Fall der Cholera.

Egal, ob Viren oder unerwünschte Bakterien den Körper befallen haben – in beiden Fällen fühlen wir uns krank. Gegen Bakterien können Antibiotika eingesetzt werden, dies sind Stoffwechselprodukte von Mikroorganismen oder Pilzen, die die Bakterien direkt abtöten oder deren Teilungsfähigkeit unterbinden, indem sie z. B. die Bildung neuer Zellwände nach einer Teilung verhindern. Allerdings können Bakterien durch Genmutation eine Resistenz gegen Antibiotika entwickeln. Dazu reicht es schon aus, wenn einige wenige Bakterien die «Giftattacke» überleben und sich weiter vermehren.

Weil Viren über keine Zellwände verfügen, wirken Antibiotika bei ihnen nicht. Hier hilft nur eine Impfung. Diese enthält meistens eine abgemilderte Version oder harmlose Bruchstücke eines Virus. Das Immunsystem des Körpers reagiert mit der Bildung von Antikörpern, die sich die Oberflächenstruktur der Viren «merken». Gelangt der Erreger später noch einmal in den Organismus, bilden sich sofort passende Antikörper, die das Virus unschädlich machen, bevor es auch nur eine Zelle befallen hat. Die Entwicklung von Impfstoffen gestaltet sich jedoch schwierig. Viren, etwa das Grippevirus oder der Aids-Auslöser HIV, mutieren sehr häufig und schnell, so dass im Fall der Grippe jedes Jahr ein neuer Impfstoff entwickelt werden muss. Seuchen und Epidemien wird es trotz derartiger Maßnahmen immer geben: So starben im Winter 1995/96 an die 30000 Menschen in Deutschland infolge einer Infektion mit einem ungewöhnlich aggressiven Grippevirus.

Wie arbeitet das Immunsystem des Menschen?

Frage von Veronika S. aus Bad Rappenau

Tagtäglich und von allen Seiten sind wir zahllosen Attacken ausgesetzt: Bakterien, Viren und andere Krankheitserreger gelangen über die Luft, das Wasser und über die Nahrung in unseren Körper.

Ein gut organisiertes Immunsystem sorgt dafür, dass nicht jeder Fremdkörper gleich eine Krankheit oder Entzündung auslöst.

Dabei bedient sich das Immunsystem mehrerer Mittel, die je nach Erreger zum Einsatz kommen. Auf organischer Ebene umfasst das Immunsystem Lymphorgane wie das Knochenmark, die Milz, die Mandeln sowie zahlreiche im ganzen Körper verteilte, bohnenförmige Lymphknoten. Für die eigentliche Immunreaktion sorgen vor allem verschiedene, sich frei im Blut bewegende weiße Blutkörperchen, die in den Lymphorganen gebildet werden. Etwa ein Viertel von ihnen sind Lymphzellen, die sich in B- und T-Lymphozyten unterteilen. T-Lymphozyten können Antigene, also Oberflächenstrukturen, z. B. auf Viren und Bakterien erkennen, B-Lymphozyten erzeugen dazu die entsprechenden Antikörper. Gemeinsam zählen sie ein bis zwei Billionen Zellen, die mit insgesamt rund 1500 Gramm etwa so viel wiegen wie unser Gehirn. Daneben gibt es noch T-Helferzellen, T-Unterdrückerzellen, Fresszellen sowie Killerzellen, die alle Fremdkörperkeime genauso vernichten wie körpereigene, von Viren oder Krebs befallene Zellen.

T-Lymphozyten entscheiden anhand der Form und Größe eines Partikels, ob es sich um Freund oder Feind handelt. An ihrer Oberfläche sitzen dazu spezifische Rezeptoren, die genau zu den Oberflächenstrukturen, den Antigenen, einer Bakterien- oder Virenart passen.

Dringen Antigene erstmals in den Organismus ein, müssen sie von einem T-Lymphozyten erkannt werden. Ist dies geschehen, wird die Antigen-Antikörper-Reaktion ausgelöst. Die T-Zelle schlägt Alarm und beginnt sich zu vermehren. T-Helferzellen regen per Botenstoff jene B-Lymphozyten zur Teilung an, die den passenden Antikörper gegen den Erreger herstellen können. Nun läuft die Antikörperproduktion auf Hochtouren. Das kann man an den Lymphknoten nahe der Infektionsstelle fühlen: Sie sind geschwollen. Binden sich die Antikörper an die Antigene, verlieren viele der Eindringlinge schon hierdurch ihre schädliche Wirkung.

Fresszellen verleiben sich dann den verbleibenden Partikel ein und verdauen ihn. Ist die Gefahr gebannt, hemmen T-Unterdrückerzellen die Teilung der B-Lymphozyten, denn andernfalls würde eine Gewebeentzündung drohen.

Es verbleiben jedoch Gedächtniszellen, die sich an das Antigen «erinnern». Dadurch kann das Immunsystem bei einem erneuten Befall schneller Antikörper bilden und eine Erkrankung vermeiden. So kommt es, dass wir an einigen Krankheiten wie Masern, Mumps und Röteln nicht mehr als einmal im Leben erkranken.

Weil für jedes Antigen ein spezieller Antikörper zur Verfügung steht, verfügt ein erwachsener Mensch über ein «Archiv» von mehreren Milliarden verschiedenen Antikörpern. Impfungen mit abgeschwächten Antigenen, etwa Grippeviren oder Tetanusbakterien, bereichern dieses Archiv und machen uns immun gegen diese Krankheiten.

Was ist die Blut-Hirn-Schranke?

Frage von Egbert K. aus Baesweiler

Der Blutkreislauf des Menschen besteht aus einem weit verzweigten Netz aus Gefäßbahnen, über die sämtliche Organe und Körperregionen miteinander verbunden sind. In den Blutbahnen werden Atemgase wie Sauerstoff und Kohlendioxid, Hormone, verschiedene Nährstoffe, aber auch Gifte wie Alkohol und Nikotin transportiert. Dafür, dass im Blut gelöste Schadstoffe nicht auch unser empfindlichstes Organ, das Gehirn, erreichen, sorgt die Blut-Hirn-Schranke (BHS). Sie bewacht den Übergang von den Blutgefäßen zu den Nervenzellen des Gehirns und der Hirnflüssigkeit, dem Liquor.

Im Körper sind die Blutgefäße mit einer lockeren Schicht aus Endothelzellen ausgekleidet. Durch die Lücken dieser Schicht wandern Stoffe ungehindert zwischen Blut und Gewebezellen hin und her. Im Gehirn ist dieser freie Austausch nicht möglich, denn hier liegen die Endothelzellen ganz dicht gepackt nebeneinander. Substanzen, die ins Gehirn eindringen wollen, bleibt nur eine Möglichkeit: der direkte Weg durch eine Endothelzelle. Doch nicht alle Stoffe können die Membran der Endothelzelle überwinden. Wie jede Zellmembran ist auch hier die Membran aus einer Doppelschicht aufgebaut, die außen wasserlöslich (hydrophil) und innen fettlöslich (lipophil) ist. Wasserlösliche Stoffe kommen durch diese innere, fettlösliche Schicht nicht durch und haben deshalb an der Blut-Hirn-Schranke keine Chance. Nur Blutzucker, Gase und fettlösliche Stoffe können passieren. Ihre Molekülstruktur passt genau zu bestimmten Wächterproteinen der Membran – wie ein Schlüssel ins Schloss. Wasserlösliche Substanzen müssen genauso draußen bleiben wie Moleküle mit einem Durchmesser, der größer ist als 20 Nanometer. Dazu zählen Enzyme, Hormone, die Abbauprodukte der Leber und Medikamente.

Häufig ist es wünschenswert, dass ein Medikament nicht in das Gehirn gelangt. Nebenwirkungen, die über das Gehirn ausgelöst werden, wie Schwindel, Benommenheit und Erbrechen, lassen sich so vermeiden. Wenn es aber etwa um die Behandlung von Gehirntumoren oder Parkinson geht, steht die BHS den Medikamenten im Wege. Wissenschaftler suchen daher nach Mitteln und Wegen, um in diesen Fällen die Blut-Hirn-Schranke zu umgehen.

Eine Möglichkeit besteht darin, die Endothelzellen auseinander zu schieben und dem Medikament so den Eintritt ins Gehirn zu öffnen. Dazu verabreicht man dem Patienten eine hochkonzentrierte Zuckerlösung, die einige der Endothelzellen platzen lässt und Durchgänge schafft. Der Nachteil dieser Methode: Auch schädliche Substanzen gelangen so über längere Zeit ins Gehirn. Eine feinere, aber aufwändigere Methode ist es, die Moleküle zu tarnen. Dazu wird ein Medikament beispielsweise mit nur wenigen Nanometer großen Zuckerpartikeln umhüllt. Während das reine Medikament an der BHS abgewiesen werden würde, kann der Zucker an die Membran andocken. Dies gelingt, weil seine Struktur genau in einen Rezeptor an der Membran passt. Auf diese Weise eingeschleust, kann das Medikament im Gehirn wirken.

Pech und Schwefel

Was ist der Trick beim Kleben?

Frage von Markus B. aus Alfter

Es gibt mehr als 250000 verschiedene Sorten Kleber – für fast jede einzelne Verwendung entwickelt die Industrie einen speziellen Kleber. Ihr Auto beispielsweise wäre ohne Klebstoff zwar rund 15 bis 18 Kilo leichter, aber kaum mehr fahrtüchtig. 140 Meter Klebenähte gibt es etwa in der Mercedes-S-Klasse.

Doch ob altertümlicher Klebstoff wie Baumharz, Bitumen oder Blut oder moderner High-Tech-Kleber: Alle beruhen auf dem gleichen Prinzip. Zunächst müssen die Klebstoffmoleküle möglichst nah an die Oberfläche heran. Deshalb sind die meisten Klebstoffe beim Auftragen flüssig.

Die «Klebekräfte» – die Anziehungskräfte zwischen den Atomen – wirken nur auf kurze Entfernungen und sind recht klein. Deshalb braucht man zum Kleben eine möglichst große Oberfläche, und Klebeflächen werden vorher aufgeraut. Adhäsion nennen Fachleute diese Oberflächenhaftung. Die Vorstellung, dass sich die aufgerauten Oberflächen ineinander verhaken, hat sich bei näherem Hinsehen der Wissenschaftler allerdings als falsch herausgestellt. Es geht also tatsächlich darum, dem Klebstoff eine größere Angriffsfläche zu bieten.

Darüber hinaus wichtig ist die Kohäsion, der innere Zusammenhalt der Moleküle, also die innere Festigkeit. Diese tritt oft erst nach und nach während des Abbindens des Klebers ein. Und hier teilt sich die riesige Klebstofffamilie in zwei Gruppen.

Bei physikalisch abbindenden Klebstoffen ändern sich die Bestandteile des Klebstoffs nicht mehr. Beispiel «Nasskleber»: Das Lösungsmittel, etwa Wasser, verflüchtigt sich, und zurück bleiben die langkettigen Klebemoleküle. Sie sorgen für die innere Festigkeit. Das Prinzip kennt man vom Spaghetti-Kochen: Ohne genügend Wasser (oder Soße) zwischen den Nudeln lässt sich kaum eine einzelne Nudel herausziehen.

Ganz ohne Lösungsmittel kommen hingegen Schmelzkleber aus, die heiß und flüssig aufgetragen werden und beim Abkühlen ihre Klebekraft entwickeln. Dieses Prinzip der Heißklebepistole haben Menschen schon vor Tausenden von Jahren mit Baumharz angewendet.

Dem gegenüber stehen die chemisch reagierenden Klebstoffe. Dazu gehören Zwei-Komponenten-Kleber und auch der Sekundenkleber. Sekundenkleber reagieren nach dem Auftragen mit der Luftfeuchtigkeit, die sich auf den zu verklebenden Oberflächen niedergeschlagen hat, und setzen sich so zu langen Molekülen zusammen. Dabei härten sie blitzschnell aus.

Wie funktioniert ein Touchscreen-Monitor?

Frage von Christian F. aus Mainz

Touchscreens fungieren als bedienerfreundliche Schnittstelle zwischen Mensch und Maschine. Keine Tastenkombination muss gedrückt, kein Text muss eingegeben werden, ein sanfter Druck auf den Bildschirm genügt, um zum Ziel zu gelangen: dem Bahnticket, der Barauszahlung oder der Briefmarke. Dabei ist Touchscreen nicht gleich Touchscreen.

Zu unterscheiden sind drei Bauweisen. Monitore, die nach dem so genannten Widerstandsprinzip arbeiten, gibt es schon seit 1977. Sie sind wie ein Sandwich aufgebaut, preiswert und weit verbreitet. Vor einem herkömmlichen Röhren-Bildschirm ist eine Glasplatte befestigt, die nach außen leitend beschichtet ist. Darauf befinden sich kleinste Noppen, die Abstand zu einer weiteren leitenden Schicht halten. Den Abschluss bildet eine kratzfeste Glasabdeckung. An die innere Schicht wird nun eine horizontale Spannung angelegt, an die Äußere eine vertikal gerichtete. Werden die beiden Schichten mit dem Finger oder einem Stift aufeinander gedrückt, beeinflussen sich die elektrischen Felder, und ein Steuerungschip berechnet die genauen Koordinaten des berührten Punktes. Viele Industrieschaltpulte und Westentaschencomputer nutzen diese verhältnismäßig robuste Technik.

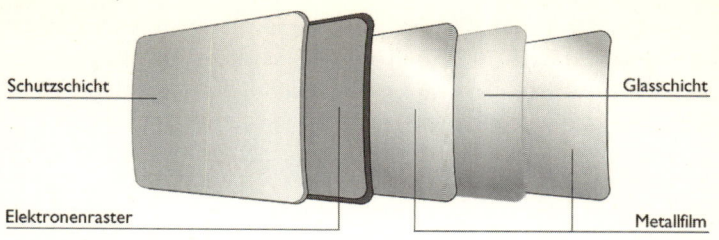

Schutzschicht   Glasschicht

Elektronenraster   Metallfilm

Robustes High-Tech-Sandwich: Kapazitive Touchscreens lassen sich ungefähr 20 Millionen Mal berühren, ohne Schaden zu nehmen.

Ähnlich arbeiten so genannte kapazitive Bildschirme. Sie sind dünner, weil keine Noppen verwendet werden. Stattdessen wird eine Glasscheibe beidseitig mit einer leitfähigen Folie beschichtet. Vier Elektroden an den Ecken überziehen die äußere Schicht mit einem elektrischen Feld von etwa 10 Volt Spannung. Das innere Feld schirmt den eigentlichen Bildschirm ab. Kapazitive Bildschirme können nur mit elektrisch leitfähigen Gegenständen, etwa einem Finger, bedient werden. Berührt der Finger einen Punkt der Schutzscheibe, fließt eine Teilladung über die Fingerspitze ab. Diese Strommenge ist abhängig vom Abstand zwischen den Ecken und dem Kontaktpunkt. Ein Steuergerät berechnet daraus wieder die Position der gedrückten Stelle. Kapazitive Touchscreens werden häufig in Spielautomaten eingebaut.

Das neueste und derzeit teuerste Verfahren für berührungsempfindliche Bildschirme arbeitet mit elektromagnetischen Wellen. Anstelle des Stroms überzieht ein gleichmäßiges Muster aus Ultraschall- oder Infrarotwellen die Glasplatte. Dringt ein Finger in dieses Feld ein, wird ein Teil der Energie absorbiert, das Muster der stehenden Wellen verändert sich, und die Elektronik kann den Kontaktpunkt ermitteln. Derartige Touchscreens werden für Bankautomaten und Infoterminals verwendet.

Unabhängig von der Funktionsweise bieten alle Touchscreens dieselben Vorteile gegenüber anderen Mensch-Computer-Schnittstellen wie PC-Mäusen oder Tastaturen: Die Touchscreens sparen Platz und sind benutzerfreundlich.

Hinzu kommt, dass alle erdenklichen digitalen Anwendungen im Prinzip mit einem einzigen Touchscreen bedient und ausgeführt werden können – eine Umprogrammierung der Software genügt. Das spart Umbaukosten und erlaubt es etwa Flugzeugbauern, mehrere Versionen eines neuen Cockpits zu testen, ohne «echte» Geräte ständig neu zusammenzulöten.

Warum kocht Milch über?

Frage von Angelika S. aus Fuldabrück-Dennhausen

Die Milch macht's – wenn Sie nicht aufpassen: Wird aufkochende Milch auch nur einen Moment aus dem Auge gelassen, wabert dicklicher Milchschaum unaufhaltsam über den Topfrand und verklebt den ganzen Herd.

Milch kocht regelmäßig über, weil sie beim Erwärmen eine Haut bildet. Gleich einem Topfdeckel, staut diese den Dampf der siedenden Milch auf, bis der Druck zu groß und die Haut hochgedrückt wird. Die Haut entsteht, weil Milch eine Emulsion ist. In einer Emulsion sind zwei Flüssigkeiten miteinander verbunden, die sich nicht durchmischen. In der Milch sind dies Wasser und Fett. Je kleiner die miteinander vermengten Stoffteilchen in einer Emulsion sind, desto beständiger ist die Verbindung. Emulsionen werden zusätzlich durch Emulgatoren stabilisiert, in der Milch erfüllen diese Aufgabe verschiedene Molkeproteine. Die Emulgatoren, also die Molkeproteine, besitzen ein Wasser liebendes (hydrophiles) und ein Fett liebendes (hydrophobes) Ende, sodass die Fett- und Wassermoleküle aneinander gebunden werden können (s. Grafik). Bei kühleren Temperaturen ist dieses System stabil.

Wird die Milch jedoch erwärmt, beginnen sich Teile der empfindlichen Molekülketten gegeneinander zu bewegen. Schon bei 74 Grad Celsius sind diese Verwindungen so stark, dass viele Moleküle ihre ursprüngliche Form verlieren, verklumpen und die Wasser-Fett-Brücke zerstört wird. Derart veränderte Proteine sind in Wasser nicht mehr löslich und beginnen auszuflocken. Hitzebeständigere Proteine der Milch, die Caseine, können den vollständigen Zerfall der Emulsion zunächst noch bremsen, da die geronnenen Molkeproteine auf der Oberfläche der Caseine anhaften und sie noch

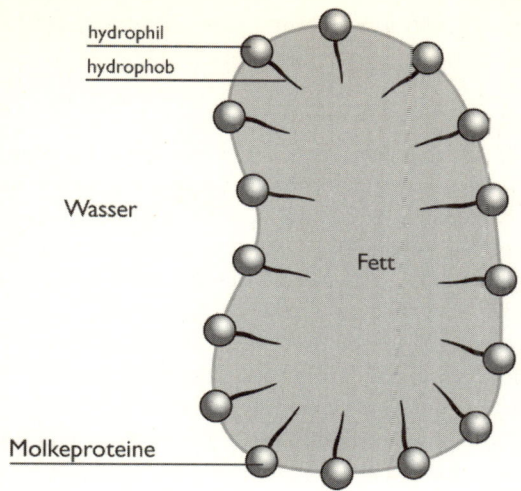

hydrophil
hydrophob

Wasser

Fett

Molkeproteine

Was die Milch zusammenhält: Proteine sorgen für eine stabile
Verbindung zwischen Wasser- und Fettmolekülen.

einen Moment in der Lösung halten. Mit zunehmender Temperatur
scheitert jedoch auch dieser Rettungsversuch – zu viele Proteine
sind zerstört. Die Proteinflocken steigen nun an die Oberfläche, wo
sie sich zu einer dünnen, aber dichten, elastischen Haut zusammenschließen. Darunter beginnt das Wasser zu sieden und produziert
Dampfblasen, die sich unter der Haut zu stauen beginnen. Schon
bald ist der Druck stark genug, um die schaumige Hautschicht an-
zuheben – die Milch kocht über.

Ein Überkochen kann verhindert werden, wenn die Milch während des Erhitzens geschlagen wird. Die entstehenden Luftbläschen
binden die geronnenen Proteine und schaffen einen Milchschaum,
mit dem Sie ihren Cappuccino oder Latte macchiato verfeinern
können.

Warum riechen gekochte Eier immer so penetrant?

Frage von Brigitte A. aus Eschelbronn

Hervorgerufen wird der penetrante Geruch des hartgekochten Eis von Schwefelwasserstoff – der Verbindung zwischen zwei Wasserstoffatomen und einem Schwefelatom (H_2S). Die einzelnen Elemente sind im Ei schon vorhanden, aber zunächst noch in anderen Verbindungen gebunden. Erst während des Kochens lösen sie sich und vereinigen sich zum stinkenden Schwefelwasserstoff.

Ein durchschnittliches Hühnerei wiegt 60 Gramm. Davon entfallen etwa 40 Gramm auf das Eiklar, der Rest ist Eigelb. Der Dotter besteht zur Hälfte aus Wasser, zu einem Drittel aus Stoffen wie Lezithin oder Cholesterin und etwa zu 15 Prozent aus Proteinen, also Eiweiß. Eiklar setzt sich sogar hauptsächlich aus Wasser zusammen und lediglich zu rund zehn Prozent aus Proteinen. Für den Geruch sind alle Proteine des Eis gemeinsam verantwortlich. Sie sind im Wasser des Dotters und des Eiklars gelöst. Ins kochende Wasser geworfen, beginnen sich die Proteinmoleküle zu verändern. Sie bestehen aus langen, verschlungenen Aminosäureketten, deren Glieder nur schwach miteinander verbunden sind. Schon ab 60 Grad Celsius werden die Bindungen gespalten, und die Aminosäureketten fügen sich zu neuen, längeren Ketten zusammen, die sich mit steigender Temperatur zusammenschließen und ein dichtes Netz bilden – das Eiweiß denaturiert. Beim Spiegelei können wir diese Vorgänge genau verfolgen: Das Eiklar wird weiß, undurchsichtig und schließlich fest. Gleiches geschieht etwas später mit den Proteinen des Dotters. Hier liegt die Gerinnungstemperatur allerdings um acht Grad höher, weil das umgebende Eiklar zunächst die ganze Wärme verbraucht.

Durchgekochte Eier riechen nicht grundsätzlich unangenehm, sondern erst, wenn sie nicht rechtzeitig aus dem siedenden Wasser geholt werden. Kochen sie zu lange, bildet sich in einer Reaktionskette letztendlich Schwefelwasserstoff – und der stinkt. Schüler kennen den ekelerregenden Geruch in Form der so genannten Stinkbomben, die schon so manche Schulstunde vorzeitig enden ließen. Schwefelwasserstoff sorgt auch für die bläulich grüne Verfärbung an der Dotter-Eiklar-Grenze. Hier bildet sich Eisensulfid

– das Eisen stammt aus einem zerfallenen Protein des Dotters, der Schwefel aus dem Eiklar. Derart verfärbte, riechende Eier können durchaus gegessen werden, gesundheitsschädlich sind sie nicht.

Warum haben Frauen meist kältere Hände und Füße als Männer?

Frage von Heike B. aus Bielefeld

Dass Frauen bei kalten Temperaturen besonders schnell über frostige Hände und Füße klagen, ist keinesfalls ein abschätziges Vorurteil harter Machos. Auch ist das weibliche Wehklagen kein fadenscheiniger Vorwand, um sich an den warmen Partner anzukuscheln. Die ausgeprägte Kälteempfindlichkeit von Frauen ist eine wissenschaftliche Tatsache: Sie beruht auf dem unterschiedlichen Körperbau der Geschlechter.

Ausschlaggebend für kalte Gliedmaßen ist das Verhältnis von Fett- zu Muskelmasse im menschlichen Körper, und das ist bei Frauen ungünstiger: Frauen haben im Durchschnitt einen Körperfettanteil von 25 Prozent. Bei Männern macht das Fett dagegen nur 15 Prozent der Körpermasse aus. «Na und?», könnten Sie sagen, «Fett isoliert doch gegen Kälte!» Im Prinzip stimmt das, so können sich Wale dank ihrer dicken Fettschicht sogar problemlos in polaren Gewässern bewegen.

Beim Menschen funktioniert diese Fettdämmung allerdings nur bedingt. Normalgewichtige Menschen mit gesundem Körperfettanteil leiden sogar weniger unter kalten Fingern und Zehen als Übergewichtige. Nur zu isolieren reicht also nicht, der Körper muss selbst Wärme erzeugen, um nicht auszukühlen. Dies kann er aber nur, wenn er sich bewegt, also durch Muskelbewegung und die daraus folgende gesunde Durchblutung aller Körperteile. Und hier haben Frauen einen statistischen Nachteil: Nur 25 Prozent ihrer Körpermasse sind Muskeln, bei Männern hingegen sind es um die 40 Prozent. Selbst im Ruhezustand ist der männliche Organismus aktiver als der weibliche. Und mehr Muskeln sind gleichbedeutend mit einer höheren Wärmeproduktion.

Frauen greifen außerdem auch deswegen früher zur Winterjacke, weil ihre Oberhaut etwa um ein Siebtel dünner ist als die von Männern. Die in der Haut befindlichen Kälterezeptoren reagieren entsprechend früher.

Der Körper reguliert seine Temperatur hauptsächlich über die Muskelaktivität und die Durchblutung der Gefäße. Ziel ist es, die Kerntemperatur für alle lebenswichtigen Organe (Gehirn, Lunge, Herz, Leber und Nieren) bei etwa 37 Grad Celsius zu halten, um den Stoffwechsel aufrechtzuerhalten. Die Oberflächentemperatur der Haut liegt grundsätzlich etwas niedriger, je nach Körperregion zwischen 28 und 33 Grad, weil sie unter direktem Einfluss der Außentemperatur steht.

Ist es heiß, wird die große Oberfläche der Arme und Beine genutzt, um große Blutmengen zu kühlen und in den Körperkern zurückzuführen. Die Folge sind häufig angeschwollene Hände und Füße. Bei aufkommender Kälte ziehen sich die Blutgefäße an Armen, Beinen, Ohren und Nase zusammen, werden weniger durchblutet, und man beginnt zu frieren. Frostschäden an den entbehrlichen Extremitäten nimmt der Körper in Kauf, Hauptsache, den wichtigsten Organen steht genug warmes Blut zur Verfügung. Um noch mehr Wärme herzustellen, gibt das Zwischenhirn den Befehl zu schnellen Muskelbewegungen – der ganze Körper beginnt zu zittern, und die Zähne klappern.

Warum fallen die Milchzähne aus?

Frage von Andrej T. aus Aachen

Die Milchzähne heißen so, weil sie blendend weiß sind wie Milch. Möglicherweise verweist ihr Name aber auch darauf, dass sie zu 95 Prozent aus Kalzium bestehen, dem Hauptbestandteil von Milch. Die Entwicklung der ersten Zahnanlagen lässt sich beim ungeborenen Kind bereits ab der sechsten bis achten Schwangerschaftswoche beobachten. Ab der 14. Woche beginnen sich die Milchzähne mit Mineralien, vor allem Kalzium, anzureichern und zu verfestigen. Kurz nach der Geburt sind die Kronen der bei-

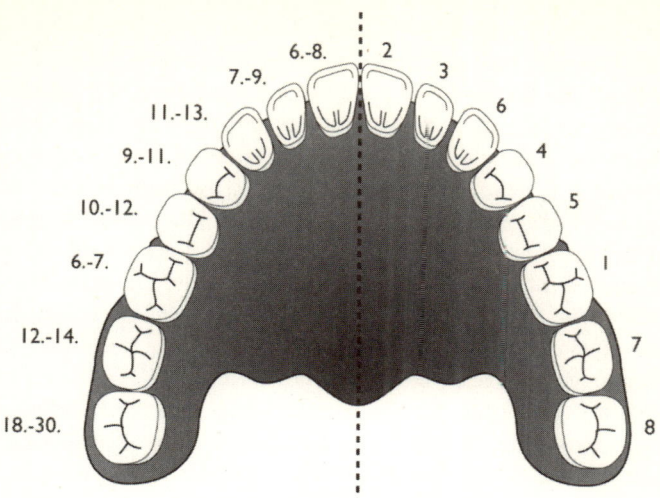

Die linken Zahlen geben an, in welchem Lebensjahr der Zahn durchbricht, die rechten Zahlen die Reihenfolge, in der die bleibenden Zähne durchbrechen.

den oberen Schneidezähne bereits voll ausgebildet, die der restlichen 18 Zähne etwa zur Hälfte. Sichtbar werden die ersten Zähne erst ab dem sechsten Monat nach der Geburt. Bis zum zweiten Geburtstag sind dann alle 20 Milchzähne in ihrer endgültigen Größe in die Mundhöhle durchgebrochen: Im Ober- und Unterkiefer finden sich nun je vier Schneide-, zwei Eck- und vier Backenzähne.

Das Milchgebiss ist keine typisch menschliche Erscheinung, den meisten Säugetieren wachsen in ihrem Leben zweimal vollständige Zahnreihen. Im Säuglings- und Kleinkindalter ist der Kiefer noch recht klein. Für die bleibenden, «erwachsenen» Zähne reicht der Platz einfach nicht aus. Die Milchzähne sind daher kleiner und ihre Anzahl geringer. Das Gebiss eines Erwachsenen zählt inklusive aller Weisheitszähne 32 Zähne.

Milchzähne erfüllen wichtige Aufgaben für das heranwachsende Kind. Mit ihrem Auftauchen stellt sich der Kiefer vom Saugreflex auf die Kaubewegung um, das richtige Beißen, Kauen und Schlucken größerer Nahrungsbrocken wird trainiert. Außerdem dienen sie der Sprachausbildung. Hat das Kind etwa seine vorderen Milchschneidezähne frühzeitig verloren, fehlt der Zunge der Widerstand, um «s»- und Zischlaute richtig zu bilden. Milchzähne sind aber auch Platzhalter für die bleibenden Zähne, die sich zwischen der 20. Schwangerschaftswoche und dem zehnten Monat nach der Geburt unter den Milchzähnen bilden.

Zwischen dem sechsten und 13. Lebensjahr beginnt dann der Zahnwechsel, indem die Milchzähne von der Wurzel her abgebaut werden. Von unten drücken die neuen Zähne so lange nach, bis die übrig gebliebenen Kronen sich lockern und meist schmerzlos herausfallen. Für die bleibenden Zähne kann es nun eng werden: Aus Platzmangel entstehen Schiefstellungen, die später mit Hilfe von Zahnspangen behoben werden können. Weil die bleibenden Zähne bereits ihre endgültige Größe haben, sehen sie im jugendlichen Mund meist etwas zu groß aus. Doch sobald der Kiefer ausgewachsen ist, sitzt das neue Gebiss wie angegossen.

Gibt es Treibsand?

Frage von Catrin P. aus Wiesbaden

In Abenteuerromanen und -filmen sterben immer wieder Menschen in gefährlichem Treibsand, vor allem in der Wüste. In Windeseile verschluckt er das wehrlose Opfer, und die Verfolger murmeln schaudernd: «Treibsand …» Treibsand – eine Schimäre? Wissenschaftlich gesehen lautet die Frage, ob es Treibsand gibt, etwa so: «Gibt es Lockersedimente mit einer Tragfähigkeit, die erheblich kleiner als 250 Gramm pro Quadratzentimeter ist?» Forscher sind dieser Frage nachgegangen und gleich mehrfach fündig geworden.

Eine Sorte Treibsand findet sich fernab von allen Wüsten. Es handelt sich dabei um ein Gemisch aus Wasser und Sand. Sand besteht aus recht locker aufgeschichteten Körnern und hat somit keine besonders gute Festigkeit: Am Strand ist es anstrengend, darauf zu laufen, Sandburgen zu bauen, ist damit unmöglich. Erst wenn Wasser ins Spiel kommt und die Hohlräume zwischen den Sandkörnern füllt, wird der Sand fester. Ist der Sand vollständig mit Flüssigkeit gesättigt, das heißt, sind alle Hohlräume zwischen den Körnern ausgefüllt, kann sich der Sandmatsch selbst wie eine Flüssigkeit verhalten. Und bei einem bestimmten Wasseranteil entsteht Treibsand. In diesem Fall sind die Sandteilchen rundherum von Wasser umgeben und haben keinen Kontakt mehr zueinander. Die Reibung im Sand nimmt stark ab und damit dessen Festigkeit. Dazu ist aber noch eine «treibende» Kraft nötig, denn sonst würden die Sandkörner einfach zu Boden sinken, und oben bildete sich eine Pfütze. Dass der Sand in der Schwebe bleibt, dafür kann an Meeresstränden die Gezeitenströmung sorgen. Es können aber auch unterirdische Quellen oder Erdbeben sein, die solchen Treibsand möglich machen.

Besonders gefährlich ist Treibsand aber nicht. Man sinkt zwar ein, aber verschwindet niemals komplett. Allerdings: Je mehr man zappelt, desto schneller sinkt man ein – denn dann sorgt man ja selbst dafür, dass die Sandkörner in der Schwebe bleiben.

Auch wer in der Wüste unterwegs ist, kann es mit Treibsand zu tun bekommen. «Fech-Fech» heißt hier der trockene Treibsand. Die Sandkörner werden von kleineren Tonkörnern auf Abstand gehalten und sind daher extrem locker aufgeschichtet. Das Volumen des Sandes wird so vergrößert – Forscher haben gemessen, dass «Fech-Fech» zu 15 bis 30 Prozent aus Luft besteht. Wer diesen Treibsand betritt oder mit dem Auto darauf fährt, sackt plötzlich zehn bis 40 Zentimeter ab. Ganz versinken kann aber auch im «Fech-Fech» niemand, denn es wurde noch keine «Fech-Fech-Schicht» entdeckt, die dicker war als 1,20 Meter.

Schein und Sein

Wer oder was krümmt den Regenbogen?

Frage von Dirk R. aus Berlin

Regenschauer, Sonnenschein, Sonnenschein und Regenschauer. So unerfreulich wechselhaftes Aprilwetter und hochsommerliche Wärmegewitter auch sein können, der unbeständigen Witterung verdanken wir eine der schönsten Naturerscheinungen, die am Himmel zu beobachten ist. Einen Regenbogen sieht man nur, wenn es regnet und gleichzeitig die Sonne scheint. Er entsteht, weil die Sonnenstrahlen in den herabfallenden Regentropfen wie in einem Prisma in ihre Spektralfarben zerlegt und teilweise reflektiert werden.

Dabei ist der Regenbogen nur der Ausschnitt aus einem vollständigen Regenkreis – daher hat der Regenbogen seine Form. Dass wir den ganzen Kreis nicht sehen können, liegt an unserem erdnahen Standpunkt. Stellen Sie sich eine gerade Linie vor, die von der hoch stehenden Sonne durch Ihren Kopf bis zum Mittelpunkt des Regenkreises führt – das Ganze ähnelt einer Wippe, mit Ihnen als Angelpunkt (s. Grafik). Verschiebt sich die Position der Sonne nach oben oder unten, verhält sich der Regenkreis entsprechend: Steht die Sonne hoch am Himmel, versinkt ein großer Teil des Kreises im Boden, und der Regenbogen erscheint eher flach. Befindet sich die Sonne in den Abendstunden nahe am Horizont, wölbt sich der Bogen mehr zur Kreisform.

Die runde Form des Regenkreises hat mit der Brechung des Sonnenlichts in den Wassertropfen zu tun. Trifft ein Lichtstrahl der Sonne auf einen Tropfen, wird er an der Grenzfläche Luft-Wasser in die Regenbogenfarben zerlegt, an der Rückwand des Tropfens reflektiert und beim Austritt abermals gebrochen. Rote Lichtanteile werden dabei stärker abgelenkt als violette, was für die immer gleiche Farbreihenfolge sorgt: Außen ist Rot, dann folgt Orange, Gelb, Grün, Blau und Violett. Blicken Sie in den Himmel, sehen Sie unzählige Regentropfen in ganz verschiedenen Winkeln. All

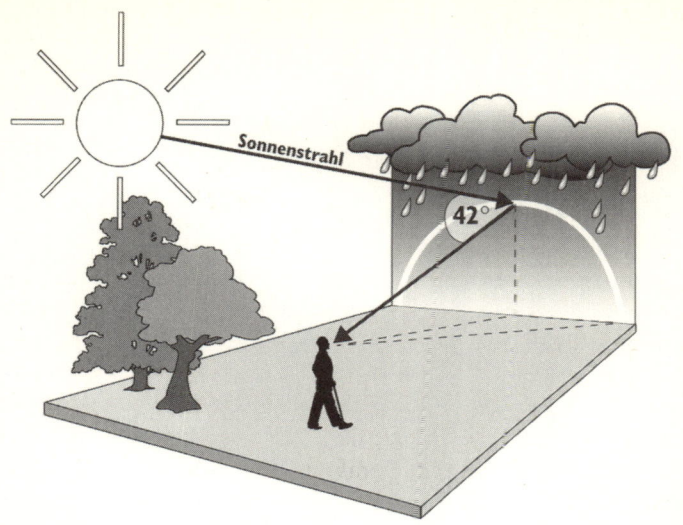

Wir sehen einen Bogen, weil nur die Sonnenstrahlen,
die im 42-Grad-Winkel abgelenkt werden, unser Auge erreichen.

jene Tropfen aber, die einen identischen Winkel zu unseren Augen bilden, liegen auf einer Kreisbahn. Entspricht Ihr Blickwinkel dem Brechungswinkel einer Farbe, etwa Rot, so wird ein roter Bogen sichtbar. Die übrigen Farbanteile werden an Ihrem Kopf vorbeigelenkt. Andere Tropfen haben andere Winkelbeziehungen und zeigen uns dementsprechend die orangefarbenen, gelben, grünen, blauen und violetten Farbanteile.

Warum erscheint der Mond am Horizont größer?

Frage von Robby L. aus Berlin und Marc K. aus Helmdingen

Wenn Sie sich mit dieser Frage beschäftigen, sind Sie in guter Gesellschaft: Schon vor fast 2000 Jahren grübelte Ptolemäus über die Mondillusion; über die Jahrhunderte folgten Leonardo da Vinci, Johannes Kepler und viele andere illustre Namen. Endgültig ge-

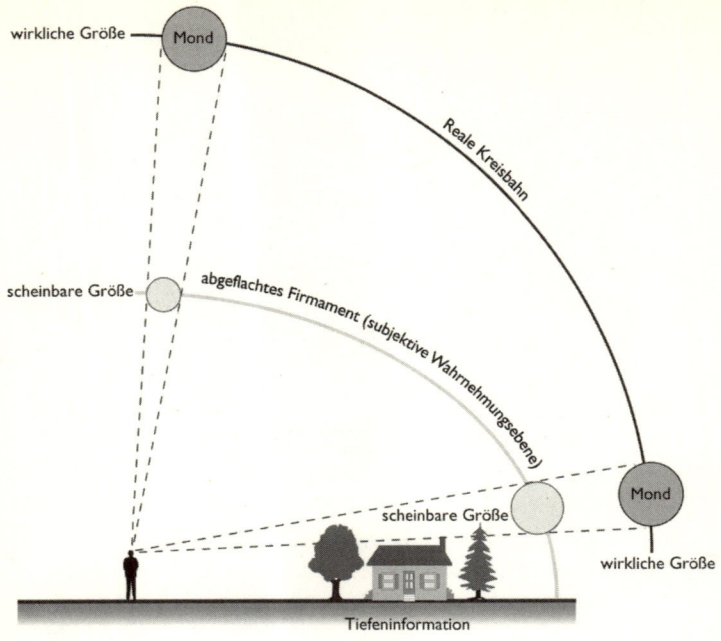

klärt ist dieses Problem immer noch nicht, aber im vergangenen Jahrhundert sind die Forscher der Lösung ein gutes Stück näher gekommen.

Klar ist mittlerweile, dass es sich um eine optische Täuschung handelt; denn der Mond verändert seine tatsächliche Größe mit Sicherheit nicht. Auch sein Abstand zur Erde schwankt nicht in dem Maße, als dass er so viel größer erscheinen könnte – und schon gar nicht in der kurzen Zeit des Mondauf- und -untergangs. Dass der riesige Größenunterschied allein an der Wahrnehmung des Betrachters liegt, lässt sich ganz einfach mit einem Fotoapparat beweisen. Fotografieren Sie den vermeintlich großen Mond am Horizont und später mit der gleichen Kameraeinstellung im Zenit – der Mond erscheint auf den Fotos immer gleich groß, und die Illusion ist dahin.

Das Trugbild kommt in unserem Gehirn offenbar dadurch zustande, dass uns der Horizont weiter entfernt erscheint als der Himmel über uns. Beim Blick zum Horizont kann unser Auge

nämlich eine Vielzahl von Tiefeninformationen verarbeiten: Bäume, Häuser oder die Meeresoberfläche geben Anhaltspunkte dafür, wie weit der Horizont entfernt ist. Irgendwo dahinter steht dann der Mond. Allerdings schätzen wir nicht besonders gut. Die Entfernung zum Horizont ist kleiner, als man denkt. Genau umgekehrt ist es beim Himmelszelt über uns. Tiefeninformationen fehlen völlig, die Wolken scheinen recht nah über uns zu schweben, kurz dahinter sehen wir den Mond. Das Firmament erscheint uns also nicht halbkugelförmig, sondern als abgeflachte Kuppel.

Wenn wir aber die Entfernung zum Mond am Horizont größer einschätzen, als sie tatsächlich ist, warum erscheint er dann nicht ebenfalls weit entfernt und klein, sondern zum Greifen nah? Normalerweise sehen wir einen Gegenstand doch kleiner, je weiter er entfernt ist!

Das lässt sich mit einer klassischen optischen Täuschung erklären. Zwei gleich lange Balken erscheinen plötzlich unterschiedlich lang, wenn das Bild Tiefeninformationen bekommt. Und zwar wirkt nicht der näher erscheinende Balken größer, sondern der entfernte (s. Grafik).

Der Augenschein trügt also: Am Horizont glauben wir den Mond weiter entfernt und sehen ihn größer, als er eigentlich erscheinen müsste, im Zenit wähnen wir ihn näher und sehen ihn zu klein. Richtig einschätzen können wir seine Entfernung niemals. Sie liegt bei rund 384 000 Kilometern.

Wie funktioniert ein Laser?

Frage von Patrick H. aus Klagenfurt

Ohne Laser würde unser Alltag kaum funktionieren. Zwar denken viele Menschen bei dem Begriff Laser zuerst an immense Energie und Zerstörungskraft, die in Science-Fiction-Filmen immer wieder nicht gerade realitätsnah, aber beeindruckend gezeigt wird. In Wahrheit haben Laser längst Einzug in unseren Alltag gehalten. Im CD-Player oder -Brenner, im Scanner der Supermarktkasse und im Laserpointer ist ein Laser zu finden. Beim Telefonieren und Internetsurfen arbeiten Laser sozusagen hinter den Kulissen und übertragen die Informationen durch Glasfaserleitungen. In Industrie und Medizin gibt es zahllose Einsatzmöglichkeiten für Laser. Dabei besteht Laserlicht wie jedes andere Licht auch aus elektromagnetischen Wellen – es ist nur aufgeräumter.

Licht – ob von der Sonne, einer Taschenlampe oder den Glühdrähten eines Toasters – wird immer von angeregten Atomen abgestrahlt. Diese Strahlung entsteht, wenn ein Elektron von einem Energieniveau auf ein niedrigeres springt. In unterschiedlichen Atomen liegen die Energieniveaus unterschiedlich weit auseinander. Je größer der Sprung des Elektrons ist, desto mehr Energie wird dabei in Form von Licht frei. Diese Energie bestimmt die Farbe des Lichts.

In gewöhnlichen Lichtquellen läuft all das völlig chaotisch ab. Das Licht strahlt in alle möglichen Richtungen, besteht aus einem Mix von Farben und wird zufällig ausgesendet.

Beim Laserlicht hingegen hat alles eine Ordnung – alle Lichtwel-

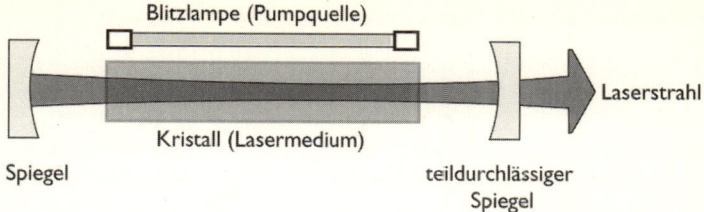

In einem Festkörperlaser entsteht das Licht in einem angeregten Kristall, beispielsweise in einem Rubin.

len schwingen gleichzeitig auf und ab und laufen parallel. Kohärenz nennen Fachleute diese Eigenschaft. Außerdem ist Laserlicht monochromatisch, also einfarbig, weil alle Photonen exakt die gleiche Energie besitzen.

Erzeugt wird derart aufgeräumtes Licht, indem Photonen gleichsam «geklont» werden. Trifft nämlich ein Photon auf ein angeregtes Atom, springt das entsprechende Elektron auf ein niedrigeres Niveau und gibt dabei ein genau identisches Photon ab. Beim nächsten angeregten Atom sind es schon drei gleiche Photonen. Damit auf diese Weise eine Lawine ausgelöst werden kann, sind sehr viele angeregte Atome nötig. Dafür muss Energie in die Atome gepumpt werden. Je nach Lasertyp wird diese Energie beispielsweise von einer Blitzlampe, einer chemischen Reaktion oder einem anderen Laser geliefert.

Damit die geklonte Photonenschar sich immer weiter vermehrt, läuft sie zwischen zwei Spiegeln hin und her durch das Lasermedium, also die angeregten Atome. Das Medium kann ein Gasgemisch, ein fluoreszierender Farbstoff, ein Halbleiter oder ein Festkörper sein. Einer der Spiegel lässt dabei einen geringen Teil der Photonen durch: den Laserstrahl.

Wie Laserlicht entsteht, lässt sich formelhaft auch so zusammenfassen: Lichtverstärkung durch stimulierte Emission von Strahlung. Oder auf Englisch: Light Amplification by Stimulated Emission of Radiation – kurz: LASER.

Brauchen Flachbildschirme Bildschirmschoner?

Frage von Christoph T. aus Ramstein

Wenn Sie wieder einmal verärgert vor einem defekten Geldautomat stehen, schauen Sie mal genauer auf den Monitor: Obwohl der Geldautomat nicht die übliche, immer gleiche Willkommens-Maske anzeigt, lässt sie sich dennoch schemenhaft erkennen, und zwar je älter der Monitor ist, desto deutlicher. Der Grund: Die Leuchtschicht auf einem herkömmlichen Bildschirm wird ständig mit einem Elektronenstrahl beschossen. Dieser unsichtbare Strahl trifft auf der Mattscheibe auf verschiedenfarbige Punkte der Leuchtschicht, die er damit zum Leuchten anregt. Punkt für Punkt wird genau angesteuert, sodass sich aus tausenden winzigen Farbpunkten (Pixeln) das Bild zusammensetzt. Dabei laufen in der Leuchtschicht chemische Prozesse ab, die nicht mehr reversibel sind. Die Leuchtschicht altert unaufhörlich, nach etwa 50 000 Betriebsstunden ist das Bild nur noch halb so hell. Damit kann man leben; störend wirkt es allerdings, wenn einzelne Pixel schneller altern als andere. Dann kommt es zum Einbrennen des Standbildes. Beim Computer sind es die Menüleisten und andere Teile des Bildes, die sich nicht verändern und so für Probleme sorgen. Je nach Kontrast und Helligkeit dauert es bei solchen Kathodenstrahl-Monitoren (Cathode Ray Tube – CRT) ein bis drei Jahre, bis sich ein Bild eingebrannt hat. Deshalb ist es auf jeden Fall empfehlenswert, einen Bildschirmschoner einzusetzen.

Anders verhält es sich bei Flachbildschirmen; bei ihnen wird das Bild – für den Betrachter nicht sichtbar – ständig minimal in alle Richtungen verschoben. Dieser eingebaute High-Tech-Bildschirmschoner hat folgenden Grund: Der Leuchtstoff in Plasma-Monitoren altert deutlich schneller als der in CRT-Monitoren. Deshalb könnte sich ein Standbild schon nach wenigen Stunden in die Leuchtschicht einbrennen.

Die Pixel der weit verbreiteten LCD- oder TFT-Flachbildschirme sind hingegen etwas robuster. Statt einer empfindlichen Leuchtschicht haben sie Farbfilter. Jedes Pixel besteht aus drei «Lichtventilen» mit unterschiedlichen Farbfiltern: Wie die Punkte auf der Leuchtschicht bei den anderen Monitortypen sind sie rot, grün und blau. Daraus lassen sich alle anderen Farben mischen. Die Ventile lassen Licht nur durch, wenn Kristallmoleküle in ihrem Innern durch elektrische Spannung in eine bestimmte Richtung gedreht sind. Liegt kein Strom an dem Ventil an, drehen sich die Moleküle wieder in ihre Ausgangsposition zurück, und das Display bleibt an dieser Stelle dunkel. Anscheinend haben sie aber ein schlechtes Langzeitgedächtnis: Wenn sie längere Zeit auf «Durchlassen» programmiert sind, können die Moleküle ihre Ausgangsposition vergessen und bleiben stehen. Fachleute sprechen vom «Memory-Effekt» und empfehlen, stehende Bilder nicht über mehrere Wochen darzustellen oder dem Bildschirm etwa alle zwölf Stunden eine mehrstündige Ruhepause zu gönnen. Wollen Sie das nicht, sollten Sie stündlich für ein paar Minuten das Bild wechseln oder einen Bildschirmschoner laufen lassen. Ansonsten müssen Sie damit rechnen, dass nach zwei bis vier Monaten dauerhaftem Standbild der Memory-Effekt zuschlägt. Im Gegensatz zu den Einbrenneffekten bei CRT- und Plasma-Bildschirmen sollte er aber zu beheben sein: einfach den Monitor ausgeschaltet stehen oder einige Zeit ein komplett weißes Bild anzeigen lassen.

Wie funktionieren Röntgenapparate?

Frage von Waltraud D. aus Oberhausen

Der Entdecker der geheimnisvollen Strahlen konnte offensichtlich selbst kaum glauben, was sich am 8. November 1895 in seinem Labor ereignete. Seiner Frau soll Wilhelm Conrad Röntgen nur gesagt haben: «Die anderen würden denken, ich bin total durchgedreht.» Erst mehrere Wochen und viele Experimente später ging Röntgen mit seiner Entdeckung an die Öffentlichkeit.

Am Grundprinzip eines Röntgenapparats hat sich seither nichts Wesentliches geändert. Ein Röntgenapparat ähnelt einem Fotoapparat. Nur zeichnet dieser nicht gewöhnliches, sichtbares Licht auf, sondern unsichtbares Licht. Diese kurzwelligen Strahlen nannte Röntgen selbst X-Strahlen, im Englischen heißen sie noch heute X-rays, im Deutschen wurden sie aber schon wenige Wochen nach der Entdeckung nach Röntgen benannt.

Röntgenstrahlen werden in einer Kathodenstrahlröhre erzeugt. So eine Röhre gibt es in jedem Fernseher: Darin werden unter Hochspannung Elektronen mit Energie vollgepumpt, das heißt stark beschleunigt. Beim Fernseher treffen die Elektronen auf die Leuchtschicht der Mattscheibe, in der Röntgenröhre auf ein Metall wie Wolfram, Molybdän oder Tantal. Dabei wird Röntgenstrahlung gleich auf zwei Arten erzeugt: Zum einen schlagen die auftreffenden Elektronen andere Elektronen aus ihrer Atomschale im Metall. Ein Elektron aus einer darüber liegenden Schale füllt die Lücke auf. Dabei gibt es Energie ab – in Form von Röntgenstrahlung. Zum anderen werden Elektronen, die auf den Metallblock treffen, von den Atomkernen, an denen sie vorbeifliegen, angezogen und umgelenkt. Dabei verlieren auch sie Energie, wiederum entsteht Röntgenstrahlung.

Von all dem wusste Wilhelm Conrad Röntgen nur wenig. Er stellte in seinen Versuchen lediglich fest, dass aus seiner Kathodenstrahlröhre irgendeine Strahlung austrat, denn obwohl er die Röhre mit schwarzer Pappe abgedeckt hatte, wurde eine daneben stehende Fotoplatte belichtet. Dass es sich um Licht bzw. um elektromagnetische Wellen handelte, konnte Röntgen höchstens vermuten, denn die Strahlen ließen sich weder durch elektrische noch durch magnetische Felder ablenken.

Die Menschen der damaligen Zeit machten sich über die Eigenschaften dieser Strahlung keine Gedanken. Sie feierten sogar Partys, auf denen sie ihre Körperteile durchleuchteten. Und in Schuhgeschäften konnte man sich ansehen, wie der Fuß in dem neuen Schuhwerk saß. Dass eine zu hohe Dosis Röntgenstrahlung Krebs verursachen kann, war damals noch gänzlich unbekannt.

Heute beschränkt man Röntgenuntersuchungen auf Gepäckstücke am Flughafen bzw. das medizinisch Notwendige. Die in der Kathodenstrahlröhre entstandene Röntgenstrahlung wird dabei durch ein kleines Fenster aus der ansonsten durch eine Metallummantelung geschützten Röhre ausgelassen. Sie durchdringt den Körper und trifft schließlich auf ein Fotopapier. Ein Bild entsteht, weil die Röntgenstrahlen unterschiedliches Gewebe nicht gleich gut durchdringen. Metall beispielsweise absorbiert die Strahlen, deshalb sind Amalgamfüllungen auf einem Gebiss-Röntgenbild gut zu erkennen. Die luftgefüllte Lunge wird besser durchdrungen als Gewebe oder Knochen.

Für die Medizin bedeutete Röntgens Entdeckung eine Revolution, dafür erhielt er im Jahr 1901 den ersten Physik-Nobelpreis.

Woher kommt die Reisekrankheit?

Frage von Phillip K. aus Tübingen

Ungewohnte Geschwindigkeiten, abrupte Richtungswechsel, aber auch Angst- und Stresssituationen können die Symptome der Reisekrankheit, auch Kinetose genannt, auslösen: Übelkeit, Schwindel sowie eine ausgeprägte Abneigung gegenüber allem Essbaren sind die Folge.

Der Mensch besitzt ein ausgereiftes System von Sinnes- und Gleichgewichtsorganen. Unablässig erreichen unser Gehirn zahllose Reize von den Sehnerven, dem Gleichgewichtsorgan im Innenohr und den sensiblen Rezeptoren in Haut und Muskeln. Aus dem komplexen Zusammenspiel dieser Informationen bauen wir uns ein Bild von der Welt, das uns den aufrechten Gang und die Orientierung im dreidimensionalen Raum ermöglicht. Aber schon eine rasante Fahrt mit der Achterbahn genügt, um dieses System der Sinne durcheinander zu bringen und den Bewegungsschwindel auszulösen. Auf der kurvigen Berg- und Talfahrt im ruckeligen Schienenzug gelangen viele widersprüchliche Signale zum Gehirn. Während die Augen versuchen, einen festen Punkt außerhalb des Wagens zu fixieren, melden die Sinneszellen in Armen und Beinen: «Ich sitze still.» Der Gleichgewichtssinn im Ohr registriert wieder etwas anderes: wechselnde Beschleunigung, plötzliches Bremsen, hoch und runter, links und rechts. Im Gehirn kommt es zum «Konflikt» – welchem Reiz soll es folgen? Der Körper reagiert mit Stressreflexen wie erhöhtem Puls und kaltem Schweißausbruch. Auch Übelkeit und Erbrechen können die Folge sein und haben sogar einen Sinn: Das sonst zur Verdauung im Magen benötigte Blut steht fortan dem Gehirn und den Muskeln zur Verfügung.

Das typische Schwindelgefühl entsteht im Bogengang, unserem Gleichgewichtsorgan im Innenohr. Es besteht aus drei senkrecht aufeinander stehenden Bögen, die den drei Richtungen im Raum zugeordnet sind (oben-unten, links-rechts, vorne-hinten). Die Bögen sind mit einer gallertartigen Flüssigkeit, der Endolymphe, gefüllt und werden jeweils von einer Membran abgedichtet, die mit empfindlichen Sinneshärchen besetzt ist. Darin eingebettet sind kleinste Steinchen aus Calciumcarbonat. Fahren Sie beispielsweise in der Achterbahn einen Looping, schwappt die Gallertschicht relativ zur Kopfbewegung gegen die Kalkkiesel und drückt diese auf die Sinneshaare. Derartig verbogen, geben die Härchen den Bewegungsreiz an die mit dem Gehirn verbundenen Nervenzellen weiter. Aus den Informationen der Augen und der drei Bogenmembranen kann das Gehirn nun seine genaue Position im Raum bestimmen. Zum Schwindel kommt es erst, wenn der Achterbahnwagen ruckartig stoppt: Ihre Sehnerven registrieren die Veränderung sofort, die Endolymphe aber ist eine träge Flüssigkeit und bewegt sich noch einen Augenblick weiter gegen die Sinneshärchen. Die Augen signalisieren schon «Stillstand», während das Innenohr weiterhin «Bewegung» meldet. So erhält das Gehirn zwei gegensätzliche Richtungssignale – und Ihnen wird schwindelig.

Wie empfindlich der Einzelne für Schwindelkrankheiten ist, hängt von mehreren individuellen Faktoren ab. Eine große Rolle spielt die eigene Erwartungshaltung: Betreten Sie ein Flugzeug schon mit Widerstreben und der Überzeugung bevorstehender Übelkeit, können Sie gleich die Spucktüte zur Hand nehmen. Einen anderen Umstand können Sie hingegen nicht beeinflussen: Forscher glauben, dass verschieden große Calcium-Steinchen im rechten und linken Innenohr für eine erhöhte Schwindelgefahr sorgen, denn ungleiche Steine drücken mit ungleichen Kräften auf die Sinneshaare und bringen uns so aus der Balance. Normalerweise kann das Gehirn diese Asymmetrie ausgleichen, bei einer Achterbahnfahrt gelingt ihm dies allerdings nicht mehr – da ist es schlicht überfordert.

Ist der Schlaf vor Mitternacht wirklich der wichtigste?

Frage von Timo H. aus Reichenbach

Ganz gleich, was Eltern ihren Kindern sagen, um sie früh ins Bett zu kriegen: Der Schlaf vor Mitternacht ist weder wichtiger noch gesünder als Schlaf zu einer anderen Zeit. In Wahrheit spielt es gar keine Rolle, wann Sie ins Bett gehen – viel entscheidender ist die Frage, wie lange Sie drin bleiben.

Die Schlafforschung ist noch eine junge Wissenschaft, erst seit Mitte der 1950er Jahre beschäftigen sich Mediziner intensiv mit Fragen rund um den Schlaf. Bezüglich der Schlafenszeit sind die Menschen zum Teil ihrer genetischen Veranlagung unterworfen. So bestimmt die Länge eines bestimmten Gens, ob wir schon mit dem Sandmännchen ins Bett gehen oder ob nachts Geist und Körper noch einmal so richtig aufdrehen können. Durch einen geregelten Wach- und Schlafrhythmus lässt sich die innere Uhr allerdings überlisten und trainieren.

In Schlaflabors werden die vom Gehirn produzierten bioelektrischen Signale gemessen und ausgewertet. Ein solches Elektroenzephalogramm (EEG) liefert eine grafische Darstellung der menschlichen Schlafphasen. Im Schnitt schläft ein Erwachsener sieben bis acht Stunden täglich, wobei fünf Schlafphasen unterschiedlicher Länge drei- bis fünfmal pro Nacht wiederholt durchlaufen werden.

Doch zunächst muss sich der Körper auf den Schlaf vorbereiten: Bei geschlossenen Augen entspannen sich langsam Muskeln und Psyche, die Herzfrequenz sinkt, und der Atem wird regelmäßig. Nun beginnt die erste, meist nur wenige Minuten kurze Leichtschlafphase; sie markiert den Anfang und das Ende des nächtlichen Schlafzyklus. In der zweiten Phase verfallen wir in mitteltiefen Schlaf, Augen und Muskeln sind völlig entspannt, während das EEG eine recht hohe Gehirnaktivität anzeigt. Hier beginnen die ersten Träume, in denen das tagsüber Erlebte verarbeitet und in das Langzeitgedächtnis überführt wird. In der dritten Phase vertieft sich der Schlaf bei sinkender Gehirnaktivität weiter, bis in die Tiefschlafphase hinein. Hier erholt sich unser Immun- und Nervensystem und bereitet sich auf den kommenden Tag vor, das

Gehirn ist in diesem Zustand praktisch ausgeschaltet. Wer aus dem Tiefschlaf gerissen wird, braucht deshalb einige Minuten, um sich zu orientieren; häufig schläft man direkt wieder ein und kann sich morgens an nichts erinnern. Die erste, circa hundertminütige Tiefschlafphase tritt nach etwa vier Stunden ein, gegen Morgen werden die Phasen dann immer kürzer. Nun folgt die REM-Phase. REM steht für «Rapid Eye Movement» – typische hektische Augenbewegungen bei geschlossenen Lidern. In der REM-Phase träumen wir besonders lebhaft und intensiv, hier kann sich unsere ganze Fantasie entfalten. Forscher glauben, dass das Gehirn durch die Herstellung der meist bizarren Bilderwelten ansonsten unterforderte Regionen trainiert. Erwachen wir in dieser Phase, können wir uns an das Geträumte bildhaft erinnern. Der REM-Schlaf wird auch «Paradoxer Schlaf» genannt: Er ist sehr tief, aber Puls und Atemfrequenz sind erhöht, und die Gehirnaktivität ist sogar intensiver als im Wachzustand. Um zu verhindern, dass wir die geträumten Bewegungen auch wirklich ausführen, befinden sich die Muskeln – bis auf die Augen – in einer Art Lähmungszustand.

Übrigens: Geträumt wird in Echtzeit. Erstrecken sich Träume über Tage oder gar Jahre, setzt unser Gehirn Schnitte wie im Hollywoodfilm.

Warum vergisst man seine Träume?

Frage von Paul K. aus Passau

Sieben Stunden täglich, 49 Stunden in der Woche, 2555 Stunden im Jahr und bis zum 80. Geburtstag insgesamt mehr als 200000 Stunden – das ist die Zeit, die der Mensch mit Schlafen verbringt, ein Drittel seines Lebens. Eine Zeit, die keine bewusste Erinnerung hinterlässt, denn seine Träume vergisst der Mensch meist. Die Fähigkeit, dass wir uns jeden Morgen an Traumgeschichten erinnern können, ist von unserem Gehirn einfach nicht vorgesehen. Dennoch: Alle Menschen träumen über die gesamte Schlafdauer, allerdings in unterschiedlichen Phasen unterschiedlich intensiv. Wer behauptet, nie zu träumen, liegt also falsch – er kann sich nur nicht an seine Träume erinnern.

Dass das nachts geistig Durchlebte morgens häufig wie ausgelöscht ist, beruht, so glauben Wissenschaftler, auf einem Schutzmechanismus unseres Gehirns. Sie haben herausgefunden, dass für das Gehirn auch noch so bizarre Träume genauso real sind wie die wach erlebte Wirklichkeit. Der Traum-Mensch erlebt und lernt demnach nicht weniger als der Wach-Mensch. Beides zusammen bildet das Bewusstsein. Hier allerdings könnte das Gehirn eine Sperre eingerichtet haben. Wäre die wilde (Alb-)Traumwelt ebenfalls Teil des ständigen Gedächtnisses, würden wir uns in einem unentwirrbaren Chaos zwischen Realität und Traum bewegen. Wir können uns daher nur an Träume erinnern, wenn wir direkt aus einer Traumphase erwachen. Oder, und das ist eine Theorie, die Schlafforscher schon seit den Zeiten des Traumdeuters Sigmund Freud diskutieren, ein Mensch ist besonders dazu veranlagt.

Um zu bestimmen, wer sich wie an Träume erinnert, hat die Schlafforschung die so genannten Trait- und State-Faktoren entwickelt, die Charaktereigenschaften (Traits) in Bezug zu momentanen Zuständen (States) setzen. Trait-Faktoren sind feste Merkmale im Persönlichkeitsmuster wie Schlafverhalten, Fantasiebegabung, visuelles Gedächtnis und die innere Einstellung zu Träumen.

Ob genetische Faktoren wie Geschlecht und Alter die Traumerinnerung beeinflussen, ist umstritten. So sollen Männer ihre Träume häufiger vergessen als Frauen, während Kinder intensivere Traumerlebnisse haben als Erwachsene. Als sicher gilt, dass Menschen, die sich vornehmen, ihre Träume zu erinnern, und dies auch trainieren, tatsächlich häufiger von ihren Schlaferlebnissen berichten können. Als States-Faktoren wirken äußere Einflüsse, die den Schlaf beeinflussen, wie Alkoholkonsum, Medikamente, Stress und Krankheiten. Wer kreativ ist, ein bildhaftes Vorstellungsvermögen besitzt und zudem frei von Stress ist, hat demnach gute Chancen, seine Träume in den Wachzustand hinüberzuretten.

Wie funktioniert Akupunktur?

Frage von Thordis G. aus Stralsund

Rheumatische Beschwerden lassen sich mit einer Nadel in die Kniekehle beheben. Ein schwacher Kreislauf wird mit einem Stich in die Spitze des kleinen Fingers auf Touren gebracht, eine Migräne kann durch die Akupunktur der unteren Leistengegend gelindert werden. Über 40 Krankheiten lassen sich laut der Weltgesundheitsorganisation (WHO) mit Hilfe von «acus» (lateinisch für «Nadel») und «punctura» («Stich») behandeln und heilen. In Deutschland haben mittlerweile 20 000 Ärzte eine zusätzliche Akupunktur-Ausbildung.

Wie die Nadelstiche wirken, ist für Schulmediziner nach wie vor unklar. Wissenschaftliche Untersuchungen über Akupunktur sind Mangelware. In China, vermutlich Ursprungsland der Akupunktur, glaubt man dagegen schon lange zu wissen, wie die Behandlungsmethode funktioniert. Im gesunden Körper, so die traditionelle Lehre, herrscht ein Gleichgewicht zwischen den zwei entgegengesetzten Kraftprinzipen Yin (vertritt das passive, weiche, weibliche Prinzip) und Yang (steht für Aktivität, Härte, Männlichkeit). Aus dem Wechselspiel der beiden Kräfte entsteht Qi, die Lebensenergie. Diese Energie fließt im menschlichen Körper über so genannte Meridiane zu den Organen. Geraten Yin und Yang ins Ungleichgewicht, stockt der Energiefluss, und der Mensch wird krank.

Weiß der Arzt, welcher der insgesamt 14 Meridiane blockiert ist, wählt er die entsprechenden Akupunkturpunkte aus. Auf dem Meridian-Netzwerk liegen mehr als 360 dieser Punkte; werden sie gezielt angestochen, kann die Energie wieder ungehindert fließen. Weil die Energielinien stark verzweigt sind, kann der aktive Punkt für die Beseitigung eines Leidens an unvermutetem Ort liegen: der für Angstzustände im Handgelenk, der für Verstopfung auf dem Fußrücken.

Ein wissenschaftlicher Nachweis dafür fehlt indes. Zwar wurde die Akupunktur kürzlich in einer großen Studie untersucht, doch deren Ergebnis dürfte für niemanden zufrieden stellend gewesen sein: Schulmedizinern machte sie klar, dass die Akupunktur bei

Rückenschmerzen besser wirkt als ihre herkömmlichen Behandlungsmethoden wie beispielsweise Krankengymnastik und Massage. Die Anhänger der traditionellen chinesischen Medizin aber müssen den Ergebnissen der Forscher zufolge anerkennen, dass auch Nadelstiche fernab der vermeintlichen Meridiane den Patienten helfen.

Durch diese Studie ist also gezeigt worden, dass Akupunktur funktionieren kann, das «Wie» ist aber weiterhin ungeklärt. Dazu gibt es nur Theorien: Endorphine, körpereigene Schmerzmittel, könnten eine Rolle spielen. Aber warum hilft Akupunktur dann auch z. B. gegen Heuschnupfen? Viele haben den Placeboeffekt im Verdacht, also eine Art Betrug an der eigenen Psyche, bei dem eine unwirksame Behandlungsmethode als wirksam verkauft wird. Besonders stark ist der Placeboeffekt bei Therapien, die in den Körper eindringen: (wirkstofffreie) Spritzen, (Schein-)Operationen und möglicherweise eben auch Akupunktur.

Dabei ist der Stich einer Akupunkturnadel weit weniger schmerzhaft als der einer Spritze. Die Nadelung erfolgt durch 0,2 bis 0,4 Millimeter dünne Stahlnadeln, die bei der Ohrakupunktur auch aus Silber oder Gold sein können. Während der Behandlung sollte der Patient entspannt liegen. Abhängig von der Störung wird unterschiedlich genadelt. Die ein bis zehn Zentimeter lange Nadel kann gerade oder schräg, einige Millimeter oder auch einige Zentimeter tief bis in die Unterhaut gestochen werden. Während der bis zu halbstündigen Sitzung wird die Nadel manchmal zusätzlich stimuliert, also gedreht, gehoben, gesenkt oder erwärmt.

Was ist der Unterschied zwischen Obst und Gemüse?

Frage von Matthias S. aus Marburg

Das kommt darauf an, wen Sie fragen. Ein launiger Markthändler wird Ihnen vielleicht sagen: «Obst liegt rechts, Gemüse links.» Dann sollten Sie darauf achten, was in der Mitte liegt. Denn bei Rhabarber ist sich der Händler vielleicht auch nicht ganz sicher, wohin er gehört. Und was ist mit Avocados? Gehen wir einen Schritt weiter in die Küche: Gemüse bereitet der Koch als Hauptgericht und gegart zu, Obst gibt es dagegen eher als Dessert und meist im rohen Zustand. Aber auch nicht immer, manchmal findet sich auch gegartes Obst als Beilage zum Hauptgang.

Für weitere Verwirrung sorgt die Frage an den Botaniker. Der wird Ihnen sagen, der Unterschied liege in den Pflanzen. Obst stamme von mehrjährigen Pflanzen, Gemüse hingegen von einjährigen. Das scheint zu stimmen: Äpfel reifen jedes Jahr am Baum, Erbsen hingegen müssen jedes Jahr wieder gesät werden. Rhabarber gehört nach dieser Definition zum Obst, weil er von einer mehrjährigen Pflanze stammt. Dagegen spricht allerdings, dass er meist gegart verzehrt wird.

Als Nächstes fragen Sie einen weiteren Botaniker, und Sie bekommen eine weitere Meinung. «Obst», sagt er, «sollte man besser als Frucht bezeichnen.» Also etwas, das aus einer Blüte hervorgeht. Außerdem würden Obstpflanzen verholzen, Gemüsepflanzen dagegen seien eher krautartig – dann gehört der Rhabarber wieder zum Gemüse. Und zwei weitere Wackelkandidaten kommen auf den Tisch: die Tomate und die Zucchini. Sie sind Früchte, da sie aus einer Blüte hervorgehen – gehören sie damit zum Obst? Ihre Pflanzen sind aber eher krautartig als holzig und sind damit ein Indiz für Gemüse.

Auch Germanisten versuchen sich an einer Beantwortung der Frage: Obst stamme vom mittelalterlichen «ob-az», sagen sie, und bedeute «Zukost». Gemüse dagegen komme von «Mus», was «breiige» Mahlzeit heißt.

Eine wissenschaftlich exakte Definition von Obst und Gemüse gibt es nicht. Auch wenn man es über die Inhaltsstoffe versucht, kommt man nicht weiter. Obst enthält zwar meist mehr Zucker, aber auch hier bestätigen Ausnahmen die Regel.

Wie werden Schalttage genau berechnet?

Frage von Hannah S. aus Mainz

Was ereignete sich am 12. Oktober 1582? Das kann niemand wissen. Den Tag gab es nämlich gar nicht. Am 4. Oktober 1582 wurde der bis dahin gültige julianische Kalender durch den gregorianischen ersetzt. Praktisch bedeutete dies, dass auf den 4. direkt der 15. Oktober folgte. Notwendig wurden die Schalttage, weil seit Jahrhunderten mit unserer Zeitrechnung etwas schief lief – und immer noch schief läuft.

Die Zeitrechnung hierzulande richtet sich nach dem tropischen Jahr. So heißt der Zeitraum, den die Sonne braucht, um einen festgelegten «Frühlingspunkt» auf der Himmelskugel am 21. März zweimal zu schneiden. Ein Durchlauf dauert 365,2422 Tage oder 365 Tage, fünf Stunden, 48 Minuten und 45,25 Sekunden. Das Jahr hat also keine ganze Zahl an Tagen – und das macht ausgleichende Schalttage nötig.

Schon seit dem vierten Jahrtausend v. Chr. orientierten sich die Ägypter am Sonnenjahr. Sie teilten es grob in 365 Tage ein, die in zwölf Monate mit je 30 Tagen gebündelt waren. Es blieben fünf Zusatztage. Zum Ausgleich fügten die Ägypter alle vier Jahre einen zusätzlichen Tag ein, den Schalttag. Weil das Römische Reich ein ähnliches Problem hatte, übernahm Roms letzter Diktator, Julius Caesar, 46 v. Chr. die ägyptische Regelung. In Rom bekamen alle Jahre, deren letzte zwei Stellen durch vier teilbar sind, einen zusätzlichen Tag, sodass ein Jahr durchschnittlich 365,25 Tage lang wurde. Die Monate erhielten 30 bis 31 Tage, der Februar – weil er damals der letzte Monat des Jahres war – 28 und in Schaltjahren 29 Tage. Über Jahrhunderte hatte der julianische Kalender in ganz Europa Bestand.

Im Jahr 325 legte die Kirche den Frühlingsanfang auf den 21. März fest, vor allem, um den Ostertermin genau bestimmen zu können. Astronomen des späten Mittelalters fiel jedoch auf, dass sich das Fest immer früher ins Jahr verschob. Ursache war ein Zeitüberschuss von etwa elf Minuten im julianischen Jahr gegenüber dem tropischen Jahr. Ende des 16. Jahrhunderts hatte sich diese Abweichung auf ganze zehn Tage addiert. Papst Gregor XIII.

führte daher 1582 eine Kalenderreform durch: Die überzähligen Tage wurden einfach gestrichen, auf den 4. folgte direkt der 15. Oktober 1582. Um Derartiges in Zukunft zu vermeiden, sah der gregorianische Kalender vor, die Schalttage in jenen vollen Jahrhunderten ausfallen zu lassen, die nicht durch 400 teilbar sind. Die Jahre 1700, 1800 und 1900 waren demnach keine Schaltjahre mit 366 Tagen, 2000 aber schon.

Doch für die Ewigkeit hat auch diese Regelung keinen Bestand, eilt das gregorianische Jahr dem tropischen doch immer noch um knapp 45 Sekunden voraus. Alle 3333 Jahre muss daher ein Schalttag ausfallen. Das erste Mal wäre dies im Jahr 4916 der Fall. Ob der derzeitige Kalender bis dahin allerdings noch gültig ist oder sich die Menschheit eine neue, nichtchristliche Zeitrechnung zugelegt hat, ist ungewiss.

So rechnet der jüngste Kalender, der islamische, in Mondjahren mit 354 Tagen, wobei es alle 30 Jahre elf Schaltjahre mit 355 Tagen gibt. Gezählt wird seit der Auswanderung des Propheten Mohammeds nach Medina 622 n. Chr.

Noch verzwickter geht es im jüdischen Kalender zu: Die Kombination von Sonnen- und Mondjahr macht das Einfügen eines Schaltmonats in unregelmäßigen Zyklen nötig. Ein Jahr kann so zwischen 353 und 385 Tagen dauern.

Blitz und Donner

Warum explodieren Sprengstoffe?

Frage von Matthias M. aus Wiesbaden

Ein kleines Gedankenexperiment: Was passiert, wenn Sie einen Bleistift in einen Ofen werfen? Er brennt nach und nach ab und wird zu Asche. Was aber passiert, wenn Sie einen TNT-Stab gleicher Größe in den Ofen werfen? Nichts wesentlich anderes: Das TNT brennt ab. Trotzdem sollten Sie es in diesem Fall bei einem Gedankenexperiment belassen. TNT (Trinitrotoluol) ist einer der bekanntesten Sprengstoffe. Wenn schon nicht die Hitze in Ihrem Ofen, was bringt ihn dann zur Explosion?

Sprengstoffexperten unterscheiden zwei Explosionsarten: zum einen die Deflagration, die eigentlich nichts anderes ist als eine schnelle Verbrennung. Die Reaktion, die dabei in dem Sprengstoff abläuft, wird vor allem durch die entstehende Wärme vorangetrieben – mit einer Geschwindigkeit unterhalb der Schallgeschwindigkeit. Zum anderen die Detonation, die erheblich schneller abläuft: Bis zu neun Kilometer pro Sekunde werden hier erreicht. Bei der Detonation ist es vor allem der Druck, der die Explosion vorantreibt.

Druck ist es auch, der eine Detonation in der Regel auslöst. Dazu benutzt man in der Praxis Detonatoren, die durch eine beschleunigte Metallplatte den Sprengstoff zünden. In Ihrem Ofen herrscht also nicht genügend Druck, um das TNT explodieren zu lassen. Allerdings gibt es auch eine kritische Temperatur, bei der es explodiert: bei ca. 300 Grad Celsius. Und auch durch Reibung können Detonationen ausgelöst werden.

Außerdem hat jeder Sprengstoff einen kritischen Durchmesser. Bei TNT liegt er etwa bei einem Zentimeter. Bei Ihrem TNT-Bleistift reicht die Dicke nicht aus, um den Detonationsdruck immer weiter aufzubauen, der sich von Sprengstoffschicht zu Sprengstoffschicht ausbreitet und dabei immer mehr zunimmt. Für den Druckaufbau und damit für die Detonation ist es bei vielen Sprengstoffen darüber hinaus wichtig, dass sie – wie die Fachleute sagen – verdämmt sind. Das kennen Sie von den dicken Silvesterböllern, bei denen die eigentliche Sprengladung in Unmengen Papier eingewickelt ist. Ohne diese Verdämmung würde der Sprengstoff wiederum einfach abbrennen: eine Tatsache, die beispielsweise auch den Transport von Sprengstoffen ungefährlicher macht.

Kommt es zur Detonation, entwickelt der Sprengstoff eine Unmenge Gas und Wärme. In einer Verdämmung baut sich so ein immenser Druck auf: Innerhalb von Mikrosekunden durchläuft den Sprengstoff eine so starke Stoßwelle, dass sich sein Molekülgefüge auflöst und sich die Atome neu gruppieren. Aus einem Gramm Sprengstoff entsteht so rasch ein Liter Gas – in etwa ein Tausendfaches des ursprünglichen Volumens.

Warum darf kein Metall in die Mikrowelle?

Frage von Peter R. aus Wörth am Rhein

62 Prozent der Deutschen haben einen Mikrowellenherd, und jedes Jahr werden weitere 1,72 Millionen Stück verkauft. Viele Speisen lassen sich mit den Wärmestrahlen schneller und unkomplizierter zubereiten als auf der Kochplatte oder im Backofen. Eine wichtige Regel beim Umgang mit Mikrowellen ist aber zu beachten: Metall hat im Garraum nichts zu suchen, denn Metall reflektiert die Mikrowellenstrahlung. Das Verbot gilt nicht nur für Kupfertöpfe und stählernes Besteck, sondern auch fürs Sonntagsgeschirr mit feiner Goldverzierung.

Mikrowellen sind ein Teil des elektromagnetischen Spektrums, genau wie das Sonnenlicht und die unsichtbare Röntgenstrahlung. Ihre Wellenlänge beträgt zwischen 0,1 Millimeter und 10 Zentimeter bei Frequenzen von etwa 1 Gigahertz (= 1 000 000 000 Hertz) bis 1 Terahertz (= 1 000 000 000 000 Hertz). Die Frequenz in der Einheit Hertz gibt an, wie oft eine Welle pro Sekunde vollständig durchschwingt. Alle Mikrowellenherde senden mit der gleichen Frequenz von 2,45 Milliarden Schwingungen pro Sekunde; eine komplette Schwingung mit Wellenberg und Wellental ist

12,25 Zentimeter lang. Aber warum ausgerechnet 2,45 GHz? Es gibt Moleküle, die Dipole, deren Atome bei bestimmten Frequenzen heftig mitschwingen. Dabei reiben sich die Teilchen aneinander und erzeugen so Wärme, die zum Auftauen und Garen genutzt werden kann. Auch Wasser ist ein Dipol-Molekül, das praktischerweise in fast allen Lebensmitteln reichlich vorhanden ist. Die Frequenz von 2,45 GHz ist genau auf das Schwingungsverhalten der Wassermoleküle abgestimmt. Bei dieser Frequenz beginnen sie sich zu bewegen – und wandeln so Strahlungsenergie in Wärmeenergie um.

Ein herkömmlicher Umluftbackofen erhitzt einen Braten durch Zufuhr heißer Luft, die zunächst nur die Oberfläche erwärmt und dann ins Innere weitergeleitet wird. Das kostet viel Zeit und Energie. Die Mikrowellen hingegen dringen direkt bis zu 2,5 Zentimeter tief in das Fleisch ein und erwärmen es so von innen heraus. Das geht schneller und spart Energie. Wasser, etwa in den Muskel- und Fettzellen, absorbiert die Strahlen dabei besonders schnell.

Töpfe und Schalen aus Keramiken, Glas, Pappe oder speziellem Mikrowellen-Kunststoff enthalten keine Dipol-Moleküle. Sie lassen die Strahlung ungehindert zum Essen durch, wobei sie sich selbst fast gar nicht erwärmen. Metalle hingegen sind für Mikrowellen undurchlässig, sie reflektieren die Strahlung wie ein Spiegel das Licht – die Suppe im Stahltopf bleibt kalt. Außerdem ist die elektrische Leitfähigkeit der Metalle ein Problem. Treffen Mikrowellen auf die stählerne Oberfläche, kann sich ein Spannungsfeld zwischen dem Metallgeschirr und der Garraumwand aufbauen. Im Extremfall schlagen Funken über, die den Herd zerstören können oder die Goldränder am Familienporzellan einfach verdampfen lassen.

Wie werden moderne Keramiken hergestellt?

Frage von Martina K. aus Schwanewede

Das Wort «Keramik» ist ein Sammelbegriff für Erzeugnisse, die aus verschiedenen Tonarten durch Brennen hergestellt werden. Seitdem in Afrika vor etwa 12 000 Jahren die ersten Tongefäße auftauchten, hat sich am Herstellungsprozess selbst bis heute nur wenig verändert. Ob einfacher, irdener Wasserkrug oder wärmefeste Hightech-Bremsscheibe für den Supersportwagen – noch immer sind zur Keramikproduktion im Wesentlichen drei Dinge notwendig: Tonerde, viel Wasser und ein Ofen, in dem das geformte Gemisch gebrannt wird. Tonerde besteht hauptsächlich aus Silikaten (Hauptbestandteil: Silizium) und Alumosilikaten (mit zusätzlichem Aluminiumoxidanteil). Die Silizium-Aluminium-Sauerstoffverbindungen zählen zu den wichtigsten gesteinsbildenden Mineralien und können vielerorts in Tongruben abgebaut werden. In der technischen Keramik finden Silikate frisch aus der Erde aber nur noch selten Verwendung. Ihre Zusammensetzung unterliegt zu sehr natürlichen Schwankungen und ist für viele Spezialanwendungen, wie dem Bau künstlicher Knochen, nicht zu gebrauchen.

Zur Keramikherstellung wird die fein gemahlene Silikaterde mit Wasser vermischt. Auf einer Töpferscheibe oder in mechanischen Pressen kann sie nun in fast jede gewünschte Form gebracht werden. Anschließend wird die Keramik gesintert: Die feinen Pulverteilchen schmelzen im Ofen bei hoher Temperatur und backen, nachdem das eingebundene Wasser verdampft ist, zu größeren, stabilen Kristallstrukturen wieder zusammen. Je feiner das Tonmehl vorher gemahlen wurde, desto fester wird nachher die Keramik. Die Industrie verwendet heute Keramikpulver, deren Körnchendurchmesser nur wenige tausendstel Millimeter betragen.

Abhängig davon, wie stark die Tonware gesintert ist und aus welchen Mineralen sie sich zusammensetzt, unterscheidet man zwei Grundarten: Tongut und Tonzeug. Bei Brenntemperaturen von 900 bis 1200 Grad Celsius entsteht Tongut, wie Mauer- und Dachziegel, Blumentöpfe und das weiße Steingut. Normalerweise ist Tongut porös und wasserdurchlässig, es lässt sich aber durch eine eingebrannte Glasur veredeln, sodass es für Waschbecken, Toilettenschüsseln und als Essgeschirr benutzt werden kann. Tonzeug, wie Porzellan, ist ein Rohstoffmix aus verschiedenen Mineralien (Kaolin, Quarz, Feldspat) und chemischen Zusätzen. Bei Brenntemperaturen zwischen 1200 und 1500 Grad wird die innere Struktur besonders fest und widerstandsfähig; das macht das Tonzeug interessant für technische Anwendungen aller Art.

Industrie und Forschung haben Keramiken als Allzweckwerkstoff für sich entdeckt. Härter als Stahl, bleiben Messer aus Keramik besonders lange scharf; in Laboren nutzt man die Säure- und Hitzebeständigkeit des «weißen Goldes» für Behälter und besonders feinporige Filter. Beim Militär forschen Experten an neuen Generationen extrem leichter, schusssicherer Personenwesten und an Verkleidungen für Fahrzeuge. So macht die Möglichkeit, durch immer neue Materialmischungen den perfekten Werkstoff für eine ganz bestimmte Anwendung herzustellen, die eigentlich uralte Keramik zum Werkstoff der Zukunft.

Was brennt bei einer Kerze?

Frage von Wolfgang P. aus Traunreut

Kerzen bestehen aus Wachs, dem Brennstoff, und einem getränkten Docht aus verdrehten Baumwollfäden. Das Wachs besteht heute meist aus Paraffin, einer reinen Kohlenwasserstoffverbindung, die aus Erdöl oder Braunkohle gewonnen wird. Wachs alleine lässt sich nur schwer entzünden, und ein Docht, der nicht von Wachs umhüllt ist, brennt viel zu schnell ab. Nur wenn beides kombiniert wird, funktioniert das System.

Damit die Kerze brennen kann, muss ihr Energie in Form von Wärme zugeführt werden, etwa durch ein Streichholz. Die Flamme erhitzt das Wachs um den Docht und schmilzt die oberste Wachsschicht der Kerze an – die Paraffinmoleküle kommen in Bewegung. Flüssiges Paraffin wird vom Docht aufgesogen und zieht im Docht nach oben. In der Hitze des nahen Feuers beginnen die langen Ketten aus Kohlenstoff und Wasser bei Temperaturen um die

500 Grad Celsius aufzubrechen und zu verdampfen. Verbrennen können sie noch nicht, denn dazu fehlt der Sauerstoff. Die heißen Gase steigen also weiter nach oben, bis sie in Kontakt mit Sauerstoff kommen: In einer dünnen Schicht am Außenrand der Flamme reagiert der Wasserstoff des Wachses mit dem Sauerstoff der Luft zu Wasser, das sofort verdampft. Bei dieser Reaktion wird viel Energie frei, sodass ein bläulicher, fast unsichtbarer Feuerschein entsteht. Hier befindet sich die heißeste Zone der Kerze – Temperaturen bis zu 1100 Grad werden erreicht. Die extreme Hitze sorgt dafür, dass immer mehr Kohlenwasserstoffatome aufsteigen und zerbrechen.

Was gemeinhin als Kerzenlicht wahrgenommen wird, ist der leuchtend gelbe Kegel in der mittleren Zone. Hier herrscht relativer Sauerstoffmangel, weshalb die Kohlenwasserstoffatome nur unvollkommen abbrennen können. Die frei werdenden Kohlenstoffteilchen bilden feste Rußpartikel, die bei rund 800 Grad verglühen. Der Ruß wird sichtbar, wenn die Kerze einem Luftstoß ausgesetzt ist. Dabei wird die «heiße» Verbrennung in der äußersten Zone gestört, und es kommt zum vermehrten Rußausstoß. Als «Abgase» produziert die Kerze vor allem Kohlenmonoxid und Kohlendioxid; sie treten zusammen mit dem Wasserdampf und den Rußpartikeln aus einem «Schornstein» aus: der offenen runden Spitze der Kerze.

Wie erzeugen Zitteraale Strom?

Frage von Frank S. aus Zeitz

Der Zitteraal besitzt eine in der Tierwelt einzigartige Fähigkeit: Er kann Stromstöße erzeugen. Das verdankt er seinem elektrischen Organ, dem Elektroplax, das etwa siebzig Prozent seines bis zu 2,90 Meter langen Körpers ausmacht. Alle anderen Organe stauen sich direkt hinter dem Kopf – sogar der Darmausgang. Der Schwanzmuskel, in dem der wirkungsvolle Elektroschocker sitzt, wurde im Gegensatz dazu im Laufe der Entwicklungsgeschichte immer länger.

Gebildet wird das wirkungsvolle Bio-Kraftwerk aus umgewandelten Zellen der Flossenmuskulatur. Eine Zelle besteht aus zwei Platten unterschiedlicher Struktur: Erreicht ein Nervenimpuls die glatte Seite, baut sich gegenüber der aufgewellten Seite eine geringe Spannung von bis zu 0,15 Volt auf. Im Elektroplax liegen bis zu 6000 solcher Zellen in Säulen geschichtet nebeneinander. Sie sind in Reihe geschaltet, wodurch sich die Teilspannungen bei einer Stromstärke von etwa einem Ampere auf Werte von rund 900 Volt summieren. Das reicht aus, um andere Fische oder ahnungslos vorbeischwimmende Urlauber zu betäuben und ernsthaft zu verletzen.

Zitterfische nutzen ihr Organ aber nicht nur zum Beutefang. Für sie ist der Elektroplax in erster Linie ein Mittel zum Schutz vor Fressfeinden.

Darüber hinaus besitzt der Zitterfisch direkt am Hinterkopf schwächere Elektrozellen, die ihn mit einem elektrischen Feld umhüllen und ausschließlich der Orientierung dienen. Gerät ein Gegenstand oder ein anderer Fisch in dieses Feld, wird es entsprechend beeinflusst. Dadurch entstehen regelrechte «Bilder», mit denen sich der nachtaktive Aal über Form, Abstand, Geschwindigkeit und Beschaffenheit des nahenden Objekts informiert.

Was macht Chilis und Pfeffer scharf?

Frage von Heidelinde H. aus Windigsteig

Scharf essen ist nicht jedermanns Sache: Während die einen ungerührt in feurige Chilis beißen, kriegen die anderen schon beim Anblick der roten Schoten Schweißausbrüche. Die brennende Wirkung entsteht, weil die Empfindung nicht über die Geschmacksknospen der Zunge wahrgenommen, sondern direkt über Sinneszellen in der Mundschleimhaut ans Gehirn weitergeleitet wird. Diese Zellen sind eigentlich Wärmerezeptoren, die uns etwa vor dem Genuss zu heißer Speisen warnen. An diese Reizzellen lagert sich nun Capsaicin an, eine Substanz, die in Chilis und Peperoni zu etwa 0,5 Prozent enthalten ist. Als wäre sie entzündet, reagiert die Schleimhaut auf das Schmerzsignal mit gesteigerter Durchblutung, und das fühlt sich im Extremfall tatsächlich so an, als würde die ganze Mundhöhle verbrennen. Gleichzeitig wird das Hormon Adrenalin gebildet, was einem Herzrasen, Schweißausbrüche und Hitzewallungen beschert. Im Verdauungstrakt regt der Scharfmacher die Produktion von Magensaft an und fördert so die Verdauung.

Wer allerdings meint, mit viel Wasser das innere Feuer löschen zu können, der irrt: Capsaicinmoleküle sind nicht wasserlöslich. Einmal ausgelöst, lässt sich der Reiz nicht aufhalten.

Capsaicin dient dem Chilistrauch und vielen anderen Pflanzen als Abwehrstoff und Schutz gegen gefräßige Säugetiere. Gegen Vögel wehrt sich die Pflanze damit allerdings nicht: Deren Wärmerezeptoren reagieren weniger heftig auf die Schoten. Für die Pflanze ist das sinnvoll, denn die Tiere verdauen die Frucht und scheiden die Samen unbeschadet wieder aus, sodass sie später an anderer Stelle aufgehen können. Säugetiere hingegen zermalmen die Kapseln, die damit für die Vermehrung unbrauchbar werden.

Weitaus verbreiteter als Chili ist hierzulande der Pfeffer. Was als Pfeffer in den Läden verkauft wird, sind die meist getrockneten ganzen oder gemahlenen Früchte des Pfefferstrauchs. Der Scharfmacher heißt hier Piperin, das sich im Öl der Körner befindet. Pfeffer gibt es in vier Reifegraden, die sich in der Farbe der Körner widerspiegeln: schwarz, weiß, grün und rot. Schwarzer und weißer Pfeffer ist besonders scharf, roter und grüner dafür aromatischer.

Piperin und Capsaicin finden jedoch nicht nur als Küchengewürz Verwendung. Abwandlungen der Substanzen finden sich als Reizauslöser in Wärmecremes für die Haut und in Pfeffersprays zur Abwehr von angreifenden Tieren.

Wie startet eine Rakete?

Frage von Anja F. aus Berlin

Handygespräche, Silvesterfeuerwerk, Satellitennavigation, die Live-Übertragung eines Fußballspiels, Mondbesuche – alles Dinge, die ohne Raketen nicht möglich wären. Schon im 12. Jahrhundert

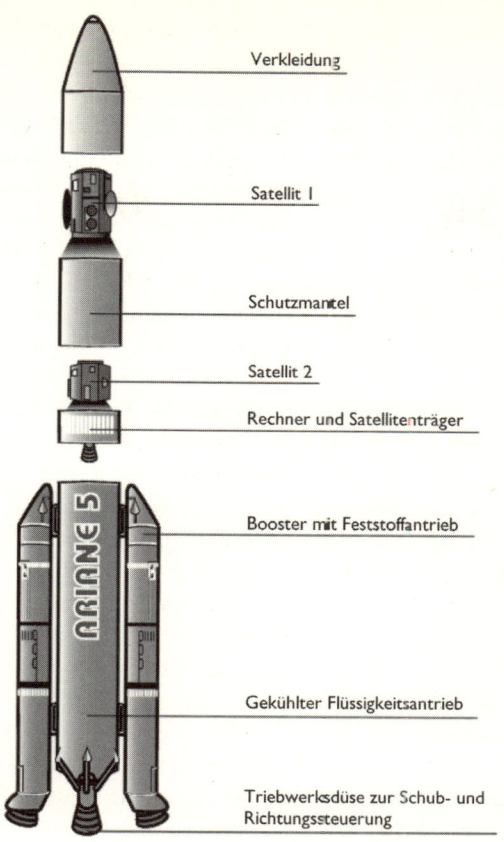

Verkleidung

Satellit 1

Schutzmantel

Satellit 2

Rechner und Satellitenträger

Booster mit Feststoffantrieb

Gekühlter Flüssigkeitsantrieb

Triebwerksdüse zur Schub- und Richtungssteuerung

Aufbau einer Ariane 5

schossen Chinesen die ersten Leuchtraketen in den Himmel, heute werden fast monatlich Satelliten mit bis zu 60 Meter hohen Trägerraketen ins All geschossen. Das physikalische Prinzip, das die Silvesterrakete aus dem Supermarkt genauso starten lässt wie die Ariane 5 der Europäischen Weltraumagentur lautet: Aktion gleich Reaktion.

Ein Körper kann nur beschleunigt werden, wenn ein anderer Körper in entgegengesetzter Richtung beschleunigt wird. Eine Rakete verbrennt Treibstoff zu heißen Gasen. Treten diese Gase durch eine Düse unter hohem Druck aus, kann sich die Rakete dagegen «abdrücken». Laut des Impulserhaltungssatzes muss das Produkt aus Masse und Geschwindigkeit bei der Rakete den gleichen Wert ergeben wie bei den austretenden Gasen. Je schneller die Gase also aus der Rakete austreten, desto mehr Nutzlast kann diese tragen. Damit sinkt allerdings die Startgeschwindigkeit. Beim «Lift-off» sieht es deshalb häufig so aus, als würde die Rakete sich nur im Schneckentempo aus der Führungsrampe bewegen. Die Ariane 5 erzeugt beispielsweise beim Start einen Schub von 1188 Tonnen beziehungsweise 11 600 Kilonewton. Genug, um das Gewicht der Rakete von 780 Tonnen samt zehn Tonnen Nutzlast in die Höhe zu drücken.

Diese riesigen Schubkräfte lassen sich derzeit nur mit riesigen Triebwerken und chemischen Treibsätzen erzeugen. Als am 16. Juli 1969 die Apollo-11-Kapsel zum ersten bemannten Mond-flug startete, tat sie das auf einer 120 Meter langen Saturn-V-Ra-kete mit Flüssigkeitsantrieb. Bei diesem System lagern flüssiger Wasserstoff und ebenfalls flüssiger Sauerstoff in getrennten Behäl-tern, die auf −184 Grad Celsius heruntergekühlt werden müssen. Nach der Zündung treiben Hochdruckturbinen beide Stoffe in die Brennkammer, wo sie explosionsartig ihre Energie freisetzen. Bei der Saturn V verbrannten so 2,7 Tonnen Treibstoff pro Sekunde, und das zweieinhalb Minuten lang. Die Verbrennung erfolgt in mehreren Stufen, einziges Abgas ist harmloser Wasserdampf. Wegen ihrer langen Brenndauer und der dadurch erreichbaren ho-hen Endgeschwindigkeit der Rakete – rund 4500 m/s beziehungs-weise 16 200 km/h – sind Flüssigkeitsantriebe trotz aufwändiger Konstruktion Stand der Technik.

Viele Raketen, wie die Ariane 5 und das Spaceshuttle, verfügen zusätzlich über Feststoffantriebe. Diese meist seitlich angebrachten «Booster» (Beschleuniger) haben eine kurze Brenndauer, sorgen aber für eine sehr hohe Anfangsbeschleunigung. Anders als Flüs-sigkeitsraketen können Feststoffraketen nach der Zündung nicht mehr gestoppt werden. Sie brennen ab, bis das Treibmittel ver-braucht ist. Der Brennstoff selbst besteht aus Aluminiumpulver, ge-bundenem Sauerstoff und einem Reaktionsbeschleuniger.

Was machen Insekten im Regen?

Frage von Sreten S. aus St. Leon-Rot

Wenn es regnet, spannt der Mensch seinen Schirm auf, zieht sich die Jacke über den Kopf oder versucht, sich unterzustellen. Insekten tun nichts anderes: Schmetterlinge hängen sich an die Unterseite von Blättern, Ameisen und Bienen verkriechen sich im Bau, und Käfer suchen Schutz im Unterholz. Nahende Unwetter bemerken die Tiere bereits Stunden vorher anhand des sich verändernden Luftdrucks. So haben sie genug Zeit, sich in Sicherheit zu bringen. Schwalben beispielsweise nutzen diesen Instinkt der Insekten aus. Sie greifen sich die Schutzsuchenden am liebsten dann, wenn sich diese in Bodennähe sammeln. Daher auch die Bauernregel: «Siehst du die Schwalben niedrig fliegen, wirst du Regenwetter kriegen.»

Im Gegensatz zum Menschen müssen Insekten schon bei einem harmlosen Regenschauer um ihr Leben fürchten. Vor allem Fluginsekten sollten keinen Wasserkontakt haben. Wer einmal eine Fliege mit dem Duschstrahl erwischt hat, weiß das. Die feinen Flügel und Härchen vieler Insekten verkleben förmlich, und sie können nicht mehr fliegen. Aus Sicht dieser Gliedertiere fallen Regentropfen wie Bomben vom Himmel. Beim Landregen werden die Tropfen bis zu drei Millimeter groß und schlagen mit etwa 22 Stundenkilometern auf dem Boden auf. Bei einem Platzregen erreichen die Tropfen einen Durchmesser von sechs Millimetern und ein Gewicht von 100 Milligramm. Eine gewöhnliche Mücke ist dagegen nur rund fünf Millimeter groß und wiegt gerade einmal zwei Milligramm. Eine Kollision mit dem fünfzigmal schwereren und fast 40 Stundenkilometer schnellen Tropfen würde ihr schlecht bekommen.

Dennoch kann eine Mücke auch bei Regen fliegen; dabei scheint es, als würden sie den herabfallenden Tropfen mit waghalsigen Flugmanövern ausweichen. So geschickt sind Mücken allerdings nicht. Schließlich müssten sie, während sie dem einen Tropfen ausweichen, bereits wissen, wo der nächste niedergeht, um nicht doch getroffen zu werden. Das ist dem eher nachtaktiven und daher fast blinden Blutsauger nicht zuzutrauen. Stattdessen kann sich der Zweiflügler auf die Hilfe der Physik verlassen. Wie jeder Körper, der sich durch die Luft bewegt, schiebt auch der Regentropfen eine Luftdruckwelle vor sich her – wenn auch eine ganz kleine. Aber um eine Mücke zur Seite wegzudrücken, reicht sie allemal. Wie von Geisterhand geführt, schlängeln sie sich so durch die fallenden Wassertropfen. Ein Treffer ist trotzdem nicht auszuschließen, schon gar nicht bei Sprühregen, weshalb sich Mücken, so rasch es geht, einen trockenen Landeplatz suchen.

Sinn und Verstand

Warum nicken Hühner beim Laufen?

Frage von Helmut B. aus Wuppertal, Fritz D. aus Böblingen und Bernd S. aus Muttenz

Etwa die Hälfte aller Vögel macht so genannte Kopfpendelbewegungen. Beim Gehen verharrt der Kopf des Vogels zunächst in seiner Position, um dann ruckartig nach vorne zu schnellen. Dieses Verhalten – da sind sich die Wissenschaftler einig – hat etwas mit dem Sehvermögen der Vögel zu tun. Nicht vollständig geklärt ist allerdings, was genau Hühner, Tauben und deren Verwandte dazu treibt, mit dem Kopf zu nicken.

Offenbar ist die Kopfbewegung für die Vögel wichtig zur Bildstabilisierung. In Bewegung würden sie sonst nur ein verschwommenes Bild vorbeiziehen sehen. So aber verharren die Augen zunächst in einer Position und nehmen ein stabiles Bild wahr. Ganz ähnlich sorgen auch wir Menschen dafür, dass wir ein klares Bild von unserer Umwelt bekommen. Besonders deutlich ist das bei einer Zugfahrt zu erkennen: Schauen wir aus dem Fenster, fixieren wir mit den Augen stets einen festen Punkt, verfolgen ihn eine Zeit lang und fassen dann den nächsten Punkt ins Auge. Dazwischen liegt eine schnelle Augenbewegung, die «Sakkade». Die gleiche Bewegung führen die Vögel aus – bei ihnen schnellen aber nicht Augen in die Bewegungsrichtung, sondern der ganze Kopf. Energetisch ziemlich ungünstig! Einige Wissenschaftler vermuten, dass beispielsweise Tauben den ganzen Kopf bewegen müssen, weil ihr Auge zu träge für diese schnellen Bewegungen ist. Andere Forscher vermuten hingegen, dass Tauben und Hühner ihre Augen ebenso gut bewegen können wie beispielsweise Enten, die nicht mit dem Kopf nicken.

Ein weiterer Vorteil, den die Tauben – an ihnen ist es untersucht worden – aus der Kopfbewegung ziehen könnten, ist ein besseres räumliches Sehvermögen. Weil die Augen der Tiere an der Seite des Kopfes angeordnet sind, überlagert sich ihr jeweiliges Sichtfeld nur vorne in einem Winkel von etwa 20 Grad. Nur in diesem kleinen Bereich können die Tiere ohne weiteres dreidimensional sehen. Das reicht, um Futter aufzupicken, aber nicht für größere Entfernungen. Um Räuber und deren Entfernung besser ausmachen zu können, müssen sich die Vögel etwas anderes einfallen lassen – einen einfachen Trick, der uns zum Beispiel der Zugfahrt zurückführt: Beim Blick aus dem Zugfenster fällt auf, dass Strommasten und Bäume im Vordergrund viel schneller vorbeirauschen als Häuser oder Berge im Hintergrund. Auch wenn wir nur mit einem Auge sehen würden, könnten wir aus dieser Bewegungsparallaxe die Entfernungen abschätzen. Und genau das machen offenbar die Tauben. Durch das Vorschnellen des Kopfes ist die Bildgeschwindigkeit im Auge höher, und die Vögel können die Parallaxe besser messen.

Das scheint gut zu funktionieren, denn die Tiere nutzen diesen Effekt offenbar auch während des Fluges. Besonders nützlich ist die «Kopfpendelbewegung», um im Landeanflug auf einen Ast die Entfernung besser abschätzen zu können.

Warum bekommen Spechte keine Kopfschmerzen?

Frage von Tanja H. aus Köln

Damit der Specht kräftig hämmern kann, hat die Evolution ihn mit vier Besonderheiten ausgestattet. Erstens: Wenn sich der Spechtkopf mit bis zu 30 Kilometern pro Stunde dem Stamm nähert, stoppt er vor dem Einschlag des meißelähnlichen Schnabels kurz ab, und die Hals- und Nackenmuskeln spannen sich an – der Specht bereitet sich körperlich auf den harten Stoß vor. Zweiter Trick: Der gesamte Muskel- und Knochenapparat im Kopf und Oberkörper des Spechts ist für die hohe Druckbelastung gerüstet. Der Schnabel ist nicht gebogen und starr, sondern gerade und mit dem Schädel fest, aber schwingend verbunden; so wird der Stoßimpuls optimal weitergeleitet und zugleich ein Abbrechen des Schnabels verhindert. Drittens: Besonders geformte Kiefermuskeln und -knochen leiten die Energie des Aufpralls vom Schädel weg hin zum Oberkörper. Beim Aufprall nimmt der Oberschnabel den Hauptanteil der Energie auf. Er ist deshalb mit dem Quadratum verbunden, einem drehbaren, länglichen Knochen zwischen Oberschnabel und Hinterkopf. Wird der Schnabel gestaucht, verdreht sich das Quadratum und neutralisiert so einen Teil der Energie – vergleichbar mit den Stoßdämpfern eines Autos.

Besonderheit Nummer vier: Von der Spitze des Schnabels bis zum Hinterkopf lässt sich eine durchgehende, knöcherne Achse erkennen. Während bei Tauben und anderen Vögeln das Gehirn direkt hinter dem Schnabel liegt, liegt das Gehirn beim Specht geschützt oberhalb dieser Knochenlinie. Ein Flüssigkeitspolster zwischen Knochen und Gehirn sorgt für eine zusätzliche Stoßdämpfung.

Spechte zimmern sich ihre bis zu 60 Zentimeter tiefen Nisthöhlen vorzugsweise in abgestorbenes, morsches Holz. Manche Arten nutzen ein Nest mehrmals hintereinander, die meisten bauen sich jedoch jedes Jahr ein neues. Dabei scheinen die Spechte die Vorzüge des modernen Wohnungsbaus für sich entdeckt zu haben. Immer häufiger hauen sie ihre Nester in die Styropor- und Füllschaumabdichtungen von Neubauten.

Das spechttypische Trommeln dient übrigens nicht nur dem Höhlenbau, sondern auch als Kommunikationsmittel. So versuchen die Männchen in der Paarungszeit, mit ihren hallenden Klopfzeichen den weiblichen Brutpartner anzulocken. Auch bei der Nahrungssuche machen sich die Spechte ihren Dickschädel zu Nutze. Sie hacken die Baumrinde auf oder durchstochern den Waldboden, um an ihre Leibspeise zu gelangen: saftige Maden und Ameisenlarven.

Warum müssen wir gähnen, und warum ist es ansteckend?

Frage unter anderem von Sonja K. aus Luxemburg und Hubert W. aus Herzebrock-Clarholz

Beim Gähnen handelt es sich um einen angeborenen und wichtigen Reflex. Über den Sinn und Ursprung des Gähnens gibt es unter den Wissenschaftlern verschiedene Theorien. Die bekannteste ist wohl, dass wir uns beim Gähnen mit weit geöffnetem Mund eine Extraportion Sauerstoff für das Gehirn besorgen. Gleichzeitig stoßen wir dabei überschüssiges Kohlendioxid aus. Damit erhöht sich die Aufmerksamkeit, und die Müdigkeit ist, zumindest für einen kurzen Augenblick, wie weggeblasen. Diese Annahme scheint aber – obwohl nach wie vor in vielen Lexika zu finden – ins Reich der Märchen zu gehören. Es stimmt zwar, dass der Körper beim Gähnen mehr Sauerstoff aufnimmt, aber das ist vermutlich nicht der ursprüngliche Sinn der müden Geste. In einem Gähnexperiment haben Forscher festgestellt, dass Menschen in einer hundertprozentigen Sauerstoffatmosphäre genauso häufig gähnen müssen wie in normaler Atemluft. Sauerstoffmangel als Auslöser fällt somit aus.

Amerikanische Forscher haben derweil herausgefunden, dass ab der elften Schwangerschaftswoche Föten im Mutterleib kräftig anfangen zu gähnen – allerdings nicht aus Müdigkeit oder Langeweile. Der Fötus sorgt vielmehr für einen Druckausgleich in seiner wachsenden Lunge und befördert nebenbei noch Gewebefetzen und Sekrete aus den Atemwegen.

Auch die Tatsache, dass fast alle Tiere in der einen oder anderen Situation gähnen, scheint zu belegen, dass es sich beim Gähnen um einen uralten, ursprünglich tierischen Reflex handelt. Wie alles, was die Evolution erhalten hat, muss dieser also einen (lebens-)wichtigen Sinn haben.

Im späteren Leben wird der vorgeburtliche Zweck dieses Reflexes zu einem sozialen Signal umgedeutet. So dient Gähnen bei Affen, Raubkatzen und Hunden hauptsächlich der Kommunikation. Den Artgenossen in der Gruppe wird signalisiert, dass man wach und bereit zu neuen Taten ist – oder dass es für alle höchste Zeit ist, schlafen zu gehen. Durch morgendliches und abendliches Gähnen vereinheitlicht die Herde ihr Verhalten, was sie als Gruppe besser funktionieren lässt.

Bei Menschen ist das nicht anders: Sportler gähnen vor Wettkämpfen, Studenten vor der Prüfung, und auf einer Party sind gähnende Gäste ein untrügliches Zeichen für das baldige Ende derselben. Menschen teilen ihre Gefühle anderen außer über die Sprache vor allem über Gestik und Mimik mit. Um das zu lernen, ahmen schon Säuglinge gerne die Gesichter der Erwachsenen nach, unter anderem auch das Gähnen.

Warum juckt es uns?

Frage von Sylvia P. aus Wien

Im Sommer kommen die Mücken in Scharen, vor allem abends und in der Nacht. Angelockt vom Körpergeruch und dem Atemgas Kohlendioxid, saugen sie unbemerkt das Blut ihrer Opfer. Dass er gestochen wurde, merkt der Mensch meist erst, wenn es anfängt zu kribbeln: An den Einstichstellen bilden sich kleine Quaddeln, die umgebende Haut ist gerötet, und ein unwiderstehlicher Juckreiz lässt einen die kleinen Plagegeister verfluchen. Jucken wird medizinisch als die Empfindung beschrieben, die reflexartiges Kratzen auslöst. Die inneren und äußeren Ursachen dafür sind zahlreich: ein Insektenstich, Brennnesselhaare, Hautverletzungen und allergische Reaktionen auf Medikamente, Lebensmittel oder Kosmetika. Auch Hautkrankheiten wie Neurodermitis sowie Infektionen mit Windpocken oder Röteln können zu quälendem Hautjucken führen. Angesichts dieser Anzahl von Juckauslösern überrascht es, dass die Medizin noch wenig über die Entstehungsmechanismen des Juckreizes, auch Pruritus genannt, weiß.

Immerhin konnten die Forscher feinste Nervenfasern in den obersten Hautschichten als «Juckquellen» ausmachen. An den Enden dieser Rezeptoren lagern sich – je nach Ursache – verschiedene Botenstoffe an, die dann den Pruritus auslösen. Der bekannteste dieser Stoffe ist Histamin. Sticht eine Mücke in den Arm, wird über den Mückenspeichel ein Stoff gegen die Blutgerinnung injiziert. Dieser Stoff, der auch in den Brennhaaren der Brennnessel enthalten ist, setzt körpereigenes Histamin frei. Die Juckrezeptoren liegen in der Haut wie die weit verzweigte Krone eines Baumes. Vom Histamin stimuliert, senden die Äste dieses Nervenbaumes einen Reiz zum zentralen Nervensystem, das Rückenmark löst dann die Juckempfindung und den Kratzreflex aus. Über das Nervennetzwerk erreicht das Jucksignal außerdem viele andere Rezeptoren rund um die Einstichstelle. Dadurch werden Eiweißstoffe ausgeschüttet, die Blutgefäße der oberen Hautschicht erweitern sich und verursachen die typische Hautrötung.

Ein Juckreiz kann auch vom Körper selbst ausgelöst werden. So reagieren viele Menschen überempfindlich auf bestimmte chemische Stoffe beispielsweise in Haselnüssen, Südfrüchten oder Schmuck (Nickelallergie). In der Lederhaut befinden sich besondere Immunzellen, die Mastzellen, in denen Histamin eingelagert ist. Gelangt die schädigende Substanz über den Stoffwechsel in die Haut, wird das Histamin aus den Mastzellen freigesetzt, und einmal mehr entsteht heftiger Juckreiz.

Der Sinn des reflexartigen Kratzens scheint offensichtlich: Für kurze Zeit überlagert der selbst zugeführte Schmerz das nervige Jucken. Doch damit beginnt ein Teufelskreis: Aufgerissene Haut führt nur zu frischen Entzündungen und kleinen Verletzungen, die wiederum jucken und zu erneutem Kratzen führen. Lange Zeit hingen die Mediziner dem Irrglauben an, der Juckreiz sei lediglich eine mildere Form von Schmerz. In der Haut befinden sich viele sensible Rezeptoren, die Druck-, Hitze-, Kälte- sowie Schmerzempfindungen über das Rückenmark an das Gehirn weiterleiten. Die Wissenschaftler meinten, dass Schmerz- und Jucksignale von denselben Sinneszellen ausgehen. Eine zweifelhafte Theorie. Denn während Schmerz überall im Körper entstehen kann, wird Jucken ausschließlich in der Haut ausgelöst. Versuche haben darüber hinaus gezeigt, dass gesteigerter Juckreiz niemals in Schmerz umschlägt. Diese fehlende Juck-Schmerz-Grenze lässt zwei unabhängige Sinnesempfindungen vermuten.

Warum schmeckt Zucker süß?

Frage von Wladek J.-J. aus Goldap

Menschen essen, was ihnen schmeckt – und das sind häufig süße, zuckerhaltige Dinge: Schokolade, Pralinen, Weingummis, Softdrinks oder Früchte. Die angenehme Geschmacksempfindung nimmt ihren Anfang an der Spitze und am Rand der Zunge, wo sich spezialisierte Geschmacksrezeptoren befinden. Ist die Nahrung ansatzweise mit Speichel durchsetzt, lagern sich die Zuckermoleküle an diese Sinneszellen an. Umgewandelt in ein elektrisches Signal, wird der Reiz an das Gehirn weitergeleitet, wo die passende Geschmackserinnerung abgerufen wird.

Viele plagt bei Zuckergenuss das schlechte Gewissen, schließlich ist ein Übermaß an Zucker mitverantwortlich für Zahnkrankheiten und Übergewicht. Doch Heißhunger auf Zucker ist nichts Verwerfliches, im Gegenteil, er unterstützt uns bei der instinktiven Auswahl unserer Nahrungsmittel. Denn die verschiedenen Zucker und Kohlenhydrate sind die wichtigsten Energielieferanten im menschlichen Stoffwechsel und damit lebenswichtig. Die Gehirnzellen etwa nutzen ausschließlich Traubenzucker (Glukose) als Energiequelle.

Zucker bzw. Kohlenhydrate bestehen aus Kohlenstoff, Wasserstoff und Sauerstoff. Zwar kann der Körper Zucker aus Fettreserven und Aminosäuren in geringem Umfang selber herstellen, einfacher ist jedoch die Aufnahme über die Nahrung. Schon bei Säuglingen fällt auf, dass sie süße, schnelle Energie bevorzugen – wie die Muttermilch, in der Milchzucker (Laktose) enthalten ist. Bitteres hingegen wird verschmäht, ist der bittere Geschmack doch häufig ein Hinweis auf giftige Substanzen.

Zucker bzw. Kohlenhydrate sind ein Grundbaustein des Lebens und kommen in zahlreichen Formen vor. Neben den Monosacchariden, wie Trauben- und Fruchtzucker, die der Körper besonders schnell umsetzen kann, gibt es noch Disaccharide, die sich aus zwei Monosacchariden zusammensetzen (z. B. Haushaltszucker). Wichtig sind darüber hinaus Polysaccharide (Vielfachzucker), wie sie als Stärke in Brot, Kartoffeln und Nudeln vorkommen. Stärke schmeckt eigentlich nicht süß. Erst wenn man lange genug auf

salzig

bitter

sauer

süß

Die Verteilung der Geschmackskospen auf der Zunge zeigt:
Schokoladeneis schmeckt besonders süß, wenn es mit der
Zungenspitze geschleckt wird.

einem Stück Brot herumkaut, spaltet das im Speichel enthaltene
Enzym Amylase die langkettigen Zuckermoleküle in süßen Traubenzucker.

Auch Pflanzen bestehen aus «Zucker», dem Polysaccharid Zellulose. Ein Zellulosemolekül besteht aus 8000 bis 12000 Glucose-
einheiten und verleiht den Wänden der Pflanzenzellen ihre Festigkeit. Zellulose gehört zu den wenigen Polysacchariden, die vom
menschlichen Verdauungssystem nicht verwertet werden können.

Der Drang nach Zucker begleitet uns das ganze Leben und kann
sogar suchtähnliche Ausmaße annehmen: Der Körper belohnt den
Zuckerkonsum mit der Ausschüttung des Botenstoffs Serotonin,
einem Gemütsaufheller, der uns kurzfristige Glücksgefühle ver-
schafft. Im Alter verliert der Mensch zwar einen Teil seines Ge-
schmackssinns – von den ursprünglich knapp 10000 Geschmacksknospen bleibt gerade einmal die Hälfte übrig –, der Sinn für Süßes
bleibt jedoch fast vollständig erhalten.

Was passiert im Körper, wenn das Bein einschläft?

Frage von Axel K. aus Duisburg

Arme und Beine schlafen meist nach langen Sitz- und Liegephasen ein, etwa im Bett, im Kino oder bei langer Schreibtischarbeit. Das rechte Bein wird übers linke geschlagen und der Fuß noch mal um die Wade geschraubt. Nach einer unbewegten Weile ist das Bein taub, ohne Kraft und Gefühl. Um das Körperteil wieder zu «wecken», reicht schon eine veränderte Sitz- oder Liegeposition, ein kurzes Aufstehen, schlicht: Bewegung. Dabei beginnt die soeben noch völlig gefühllose Stelle unangenehm zu kribbeln.

Ursache für eingeschlafene Arme und Beine sind eingeklemmte Blutgefäße und Nerven. Beim verschränkten Sitzen etwa werden die unterhalb des Knies verlaufenden Beinarterien eingeklemmt. Hierdurch kommt ab dem Unterschenkel die Versorgung mit frischem Blut zum Erliegen. Als Erstes bekommen dies die zahlreichen Nervenzellen im Fuß zu spüren. Abgeschnitten von der Nähr- und Sauerstoffversorgung, fehlt ihnen nun die Energie, um auftretende Nervenimpulse zum Rückenmark und Gehirn weiterzuleiten. Der Fuß ist damit praktisch unempfänglich für die Reize der Außenwelt. Durch die Durchblutungsstörung kühlt das Gewebe merklich aus.

Bewegung lässt das Blut dann wieder ungehindert fließen, die Nerven nehmen ihre Tätigkeit wieder auf, langsam und spürbar kehrt das Gefühl zurück. Begleitet wird dies von heftigem Prickeln, so als würden tausende kleine Nadeln in die Haut gepiekst. Die abgeklemmten Nerven haben kleine «Fehlzündungen», geben unkontrollierte Signale in alle Richtungen ab. Jede einzelne Zelle meldet sich mit einem kleinen Nervenimpuls zurück, ein Warnsignal, das dauerhafte Schäden am Körper verhindern soll.

Warum bekommt man Seitenstechen?

Frage von Sarah L. aus Mainz

Da will man dem Körper etwas Gutes tun, hat sich aufgerafft, die Laufschuhe geschnürt, und dann das: Nach nur wenigen Minuten Dauerlauf erzwingt ein stechender Schmerz unterhalb des Brustkorbs das Ende der Trainingseinheit. Seitenstechen tritt besonders bei Ausdauersportarten wie Laufen, Schwimmen und Inline-Skaten auf. Doch wie so häufig, wenn es um die alltäglichsten Wehwehchen geht, zucken die Mediziner bei der Frage nach dem Schmerzauslöser mit den Schultern: Niemand weiß genau, woher das Seitenstechen kommt. Sicher ist, dass es besonders häufig bei Jugendlichen und untrainierten Freizeitsportlern auftritt.

Wer direkt nach dem Abendbrot noch schnell eine Joggingrunde drehen will, tut sich keinen Gefallen. Sport mit vollem Magen überlastet das Kreislaufsystem, und das verursacht möglicherweise Seitenstechen. In vielen Fällen ist es dann die linke Körperhälfte, die schmerzt, denn dort sitzt die Milz. Kurz nach dem Essen ist der Blutkreislauf in Aufruhr: Die Darmgefäße weiten sich, dem Verdauungsapparat wird viel Blut zur Verfügung gestellt, das aus den Muskeln abgezogen wird. Ein Teil davon wird in der Milz gespeichert. Sie kann mehr als einen Liter Blut aufnehmen, den sie für Verdauungsvorgänge bereithält. Wird in dieser Phase Sport getrieben, fließt das Blut zurück in die Arm-, Bein- und Bauchmuskeln. Die Milz zieht sich krampfhaft zusammen, und das schmerzt. Zwischen der letzten Mahlzeit und der Laufrunde sollten daher mindestens zwei Sunden liegen.

Seltener tritt Seitenstechen auf der rechten Körperseite auf, dort, wo die Leber sitzt. Sport führt im Körper zu einer insgesamt besseren Durchblutung. Das gilt auch für die Leber, die sich dadurch ausdehnt. Bei Gelegenheitssportlern kann es so zu einem Dehnungsschmerz kommen, der jedoch ausbleibt, wenn regelmäßiger trainiert wird.

Viele wissen aus eigener Erfahrung, dass ungleichmäßiges Atmen Seitenstechen verursachen kann. Deshalb lautet eine wichtige Joggerregel: «Laufen ohne Schnaufen». Doch gerade Anfänger muten sich häufig zu viel zu. Wer wenig Sport treibt, bei dem ist auch das Atmungssystem ungeübt und weniger leistungsfähig. Bei zu hoher Beanspruchung versagen deshalb die Atemmuskeln im Zwerchfell, jener Muskelplatte, die Brusthöhle und Bauchhöhle trennt. Beim Einatmen ziehen sich die Muskeln zusammen und vergrößern so den Brustraum. Unregelmäßiges Atmen, vielleicht noch in Kombination mit einem vollen Magen, führt zu Blut- beziehungsweise Sauerstoffmangel, was den Zwerchfellmuskel krampfen lässt. Durch eine kurze Pause und normales, tiefes Weiteratmen verschwinden die Schmerzen schnell wieder. Als weitere Ursachen machen Sportmediziner falsche Kleidung und Haltungsfehler aus. Moderne Sportkleidung ist eng geschnitten, sie sorgt so für wenig Reibung und eine gute Transpiration. Sitzen etwa Laufhosen aber zu eng am Bauch, können sie Blutgefäße einschnüren und die Atmung behindern. Auch eine zu gebückte Haltung beim Inline-Skaten kann zu Abschnürungen von Gefäßen im Bauchraum und zu Verkrampfungen des Zwerchfells führen.

Worin unterscheidet sich Esperanto von anderen Sprachen wie Deutsch oder Englisch?

Frage von Florian S. aus Lalling

Im Europäischen Parlament herrscht babylonisches Sprachgewirr. Weil alle 25 Mitgliedsstaaten das Recht auf ihre eigene Sprache haben, vereinigt die Europäische Union (EU) nicht weniger als 20 Amtssprachen. Mehr als 2400 Dolmetscher tragen Sorge, dass sich kein Land durch die Missachtung seiner Sprache benachteiligt fühlt und jeder jeden versteht – der größte Übersetzerdienst der Welt.

Wäre es nicht viel sinnvoller, eine einfache, neutrale Sprache als Zweitsprache der EU einzuführen? Als der polnische Augenarzt Ludwig Zamenhof 1887 der Welt seine selbst entwickelte Hilfssprache Esperanto vorstellte, leitete ihn eine ähnliche Frage. In seiner Heimatstadt Białystok lebten damals Juden, Polen, Russen, Deutsche und Litauer nebeneinander her, ohne sich miteinander unterhalten zu können oder zu wollen. Aus dieser Erfahrung heraus entwickelte Zamenhof Esperanto, eine neutrale Zweitsprache, die sprachliche Barrieren beseitigen und die Völker vereinigen sollte.

Esperanto ist eine Plansprache und nicht historisch gewachsen, wie etwa die romanischen Sprachen (Spanisch, Italienisch, Französisch). Dennoch ist sie nicht künstlich. Damit Esperanto für möglichst viele Menschen leicht zu lernen ist, nutzte Zamenhof vor allem Elemente der indogermanischen Sprachfamilie. So gehen 90 Prozent der Wortstämme auf romanische Sprachen zurück. Wer schon ein wenig Spanisch oder Italienisch kann, dem dürfte es leicht fallen, Esperanto zu lernen. Die 22 Buchstaben des Esperanto-Alphabets – ergänzt durch sechs Sonderzeichen – stammen aus dem Lateinischen. Außerdem wurde einiges, was Sprachenlernen sonst so schwer macht, über Bord geworfen. Eine Sprache wie ein Spiel – Lingvo kiel ludo.

Viele Worte sind als Lehnworte international bekannt, das erspart neue Vokabeln: telefono, universitato, automobilo, banano. Die Wortstämme bleiben stets unverändert, ein Wortbausystem aus 40 Silben mit fester Bedeutung erleichtert die Wortbildung. Aus «rapida» («schnell») wird «malrapida» («das Gegenteil von schnell», also «langsam»). Und aus dem Verb «slosi» («schließen»), wird ganz einfach das Substantiv «slosilo» («Schlüssel», das «Schließwerkzeug»). Auch schwierige Worte lassen sich mit nur wenigen Zusätzen aus einer Basis, dem «fundamento», bilden: «lerni» heißt «lernen», «lern'ej'o» ist damit einfach der «Lernort», also die Schule. Und «der Ort für Personen mit der Eigenschaft, das Gegenteil von gesund zu sein» heißt «mal'san'ul'ej'o», oder als Lehnwort: «hospitalo», das Krankenhaus.

Auch die Esperanto-Grammatik ist vereinfacht. So enden alle Substantive auf -o (televido), die Adjektive auf -a (bona) und Verben im Infinitiv auf -i (trinki). Es gibt nur zwei Fälle, Nominativ und Akkusativ, sowie eine Konjugation (-as für Präsens, -is für die Vergangenheit und -os für Futur). Die Wortstellung im Satz ist praktisch frei wählbar, einen falschen Satzbau gibt es nicht. Es ist also erlaubt, die Satzbaumethode der eigenen Muttersprache anzuwenden, was das Sprechen vor allem für Anfänger wesentlich erleichtert.

Wie viele Menschen Esperanto derzeit sprechen, ist unklar; etwa eine Million sind in rund 100 nationalen Verbänden organisiert. Insgesamt soll es weltweit aber zwei- bis dreimal so viele Esperantisten geben, darunter sogar Muttersprachler. Die Bewegung hofft, ganz im Sinne Ludwig Zamenhofs, dass sich Esperanto als internationale Zweitsprache etabliert, die zur Verständigung und zum kulturellen Austausch zwischen den Völkern beiträgt. So wurden schon über 40000 Theaterstücke, Zeitungen und Bücher in Esperanto verfasst bzw. übersetzt.

Was besagt die Quantenmechanik?

Frage von Johann F. aus Höxter

Ende des 19. Jahrhunderts gab es ein Problem. Dieses Problem erschien eigentlich nicht besonders aufregend. Das Problem war: Erhitzt man einen Körper, beispielsweise einen Stahlblock, so fängt er bei einer bestimmten Temperatur an, dunkelrot zu glühen. Erhöht man die Temperatur, ändert sich die Farbe zu hellrot, dann zu gelb, und irgendwann glüht er weiß. Die Farben kommen dadurch zustande, dass der Stahlblock Lichtwellen verschiedener Frequenzen ausstrahlt.

An sich strahlt der Stahlblock bei jeder Temperatur immer alle Wellenlängen aus. Licht besteht aus elektromagnetischen Wellen, Radiowellen, Wärmestrahlung, Röntgenstrahlen – alles elektromagnetische Wellen, welche sich in ihrer Wellenlänge unterscheiden. Die Wellenlänge ist der Abstand von einem Wellenberg zum nächsten. Radiowellen sind extrem langwellig. Wärmestrahlung oder Infrarotstrahlung sind schon kürzer. Sichtbares Licht ist noch kürzer. Rotes Licht ist aber langwelliger als blaues. Nach blau kommt ultraviolettes Licht, und dann kommt irgendwann die Röntgenstrahlung.

Obwohl der Stahlblock immer alle diese Wellen abgibt, erscheint er nicht bei jeder Temperatur gleich. Das liegt daran, dass sich die Intensität der ausgesandten Wellen ändert. Ist die Temperatur verhältnismäßig niedrig, strahlt der Stahlblock mehr rotes Licht aus. Wird er wärmer, vergrößert sich der Anteil des gelben und blauen Lichts. Allgemein strahlt er bei niedrigen Temperaturen weniger als bei hohen.

Das Problem besteht nun darin, dieses Verhalten quantitativ zu beschreiben – sprich: in eine Formel zu stecken. Die Physik, die diesbezüglich Ende des 19. Jahrhunderts zur Verfügung stand, musste allerdings passen. Und so wurde das Problem zum «Strahlungsproblem des schwarzen Körpers».

Dann kam Max Planck und nahm sich des Problems an. Aber auch er konnte das Problem nicht mit der Physik, die er gelernt hatte, lösen. Er entwickelte jedoch eine Strahlungsformel, die das Verhalten des Stahlblocks exakt beschreiben konnte. Diese Formel enthielt eine Größe, die Planck in einem «Akt der Verzweiflung», wie er es nannte, eingeführt hatte und die später als das Planck'sche Wirkungsquantum berühmt wurde. Die Einführung des Planck'schen Wirkungsquantums am 14. Dezember 1900 war die Geburtsstunde der Quantenmechanik. Von diesem Tag an war die Physik nicht mehr dieselbe. Die Konsequenz des Wirkungsquantum war nämlich, dass die Energie, die ein Körper in Form von elektromagnetischen Wellen abgibt, nicht kontinuierlich ist, sondern aus kleinen Paketen besteht – aus Quanten. Diese Pakete sind allerdings so klein, dass man im alltäglichen Leben von der Quantelung nichts mitbekommt.

In der Physik jedoch ist alles irgendwie miteinander verbunden. Dreht man an dem Energiebegriff, so ändern sich unzählige andere Gesetzmäßigkeiten. Die einschneidendste Veränderung der Physik ist der Verlust der Deterministik. Kennt man die Ausgangsparameter eines physikalischen Systems, beispielsweise den Ort und die Geschwindigkeit eines Teilchens, so lässt sich sein Weg in der klassischen Physik genau für alle Zeiten vorhersagen. In der Quantenmechanik beruhen die Aussagen der Bewegung nur auf bestimmten Wahrscheinlichkeiten. Dass wir von diesen Effekten nichts mitbekommen, liegt daran, dass die Quanteneffekte nur in sehr, sehr kleinen Systemen sichtbar werden.

Albert Einstein stand der Quantenmechanik übrigens anfangs sehr kritisch gegenüber. Er kommentierte die Schlussfolgerung, dass der Welten Lauf nur von Wahrscheinlichkeiten abhinge, mit dem Satz: «Gott würfelt nicht!» Seinen Nobelpreis erhielt er jedoch später für den Photoeffekt, einen reinen Quanteneffekt.

Stichwortverzeichnis